Mastercam2D 繪圖及加工使用手冊

(附範例光碟)

楊振治、鍾華玉、林似諭　編著

全華圖書股份有限公司

序言　Preface

　　近年來電腦化已是全球進步的一種工具，CAD/CAM 技術普遍地跟隨工具機發展而受重視，利用電腦的輔助才能達到更快速、更精準的成效且已普遍獲得產業界的依賴，在台灣機械加工從業人員，利用電腦輔助機械製造軟體針對零件加工及模具加工已漸成雛形。

　　Mastercam 是全球電腦輔助製造類銷售量最高的軟體，應用廣泛；美國原廠隨時依據使用者的要求提供最新加工技術供使用者使用，所以從 Mastercam 這套軟體中可以了解目前先進國家所使用的加工技術和觀念。本書由淺入深，讀者只要依書中的範例配合解說，就能學會 Mastercam 的操作，產生需要的 NC 程式。

　　感謝 Mastercam 台灣總代理眾宇科技有限公司李總經理和吳經理的技術支援和指導，也感謝全華圖書公司技職編輯處專案副主任曾琡惠小姐協助和編輯許爲婷小姐的編排，讓本書得以順利完成。

作者：楊振治、鍾華玉、林似諭

編輯部序 Preface

「系統編輯」是我們的編輯方針，我們所提供給您的，絕不只是一本書，而是關於這門學問的所有知識，它們由淺入深，循序漸進。

本書以 Mastercam X4 為主要操作介面編寫而成，強調由範例中學習指令操作，並在過程中說明各種指令，書中分為**操作介面、座標輸入、繪圖(一~三)、圖素的修整、轉換、圖形檢查、刀具參數、外形銑削、挖槽、鑽孔、全圓路徑、路徑轉換**等 14 個章節，依使用過程循序漸進的導入新功能與技巧。適用於大學、科大、技術學院機械工程系一、二年級「電腦輔助製圖」課程。

同時，為了使您能有系統且循序漸進研習相關方面的叢書，我們以流程圖方式，列出各有關圖書的閱讀順序，以減少您研習此門學問的摸索時間，並能對這門學問有完整的知識。若您在這方面有任何問題，歡迎來函連繫，我們將竭誠為您服務。

相關叢書介紹

書號：06430007
書名：電腦輔助繪圖 AutoCAD 2020
　　　（附範例光碟）
編著：王雪娥、陳進煌
16K/510 頁/550 元

書號：06359007
書名：電腦輔助繪圖 AutoCAD 2018
　　　（附範例光碟）
編著：王雪娥、陳進煌
16K/528 頁/550 元

書號：05968027
書名：電腦輔助機械製圖 AutoCAD
　　　－適用 AutoCAD 2000~2012 版
　　　（附範例光碟）
編著：謝文欽、蕭國崇、江家宏
16K/584 頁/500 元

書號：06409007
書名：Autodesk Inventor 2018 特訓教材
　　　基礎篇（附範例及動態影音教學光碟）
編著：黃穎豐、陳明鈺
16K/576 頁/580 元

書號：06410007
書名：Autodesk Inventor 2018 特訓教材
　　　進階篇（附範例及動態影音教學光碟）
編著：黃穎豐、陳明鈺
16K/480 頁/550 元

書號：06118007
書名：PRO/E Wildfire 4.0 基礎設計
　　　（附範例光碟）
編著：曾慶祺、劉福隆
16K/576 頁/350 元

書號：06056007
書名：Pro/ENGINEER Wildfire 4.0
　　　曲面設計（附範例光碟）
編著：張益三、黃聖杰
16K/320 頁/380 元

◎上列書價若有變動，請以
　最新定價為準。

流程圖

書號：03407047
書名：圖學（第五版）
　　　（附範例光碟）
編著：王照明

書號：05903067
書名：工程圖學－與電腦製圖
　　　之關聯（第七版）
　　　（附多媒體光碟）
編著：王輔春、楊永然、朱鳳傳
　　　康鳳梅、詹世良

書號：06258017
書名：工程圖學－精簡版（第二版）
　　　（附範例光碟）
編著：王輔春、楊永然、朱鳳傳
　　　康鳳梅、詹世良

書號：06269017
書名：Mastercam 2D 繪圖及加工
　　　使用手冊（第二版）
　　　（附範例光碟）
編著：楊振治、鍾華玉、林似諭

書號：05226017
書名：Mastercam 3D 繪圖與
　　　加工教學手冊（9.1 SP2
　　　版）（附範例光碟片）
　　　（修訂版）
編著：鍾華玉、李財旺

書號：06207007
書名：Creo Parametric 2.0
　　　入門與實務－基礎篇
　　　（附範例光碟）
編著：王照明

書號：06208007
書名：Creo Parametric 2.0
　　　入門與實務－進階篇
　　　（附範例光碟）
編著：王照明

目 錄

Contents

第 1 章　操作介面

第 2 章　座標輸入

第 3 章　繪圖(一)

第 11 章　挖槽

第 12 章　鑽孔

第 13 章　全圓路徑

第 **14** 章　路徑轉換

操作介面

學習目標

1. 了解 Mastercam 工作區及觀念

2. 圖檔的存取

3. 快速鍵的用法

1-1　畫面功能說明

　　進入 Mastercam X4 後，螢幕顯示 Mastercam 的畫面。使用者以滑鼠在各個區域操控，Mastercam 用二鍵滑鼠(左鍵和右鍵)及滾輪；按一下滑鼠左鍵代表選取(選取圖素、選取某一功能等)；按一下右鍵則會出現右鍵功能表，隨著所處的環境不同，滑鼠右鍵會顯示不同的功能表；轉動滑鼠滾輪，可使畫面縮小或放大；壓住滾輪，可使圖形動態旋轉。

Mastercam 的專有名詞和觀念

● 繪圖區

　　圖形顯示的地方。在左下角顯示 XYZ 座標軸的圖像。系統單位是公制時，右下角顯示 Metric 字樣；英制時，則顯示 Inch。在剛進入 Mastercam 時，系統預設螢幕的水平方向是 X 軸，垂直方向是 Y 軸，Z 軸則對著使用者，座標軸圖像也只能看到 XY 軸。如果按下鍵盤上的[F9]鍵，可以看到座標原點 (0,0,0)和 XY 軸線，軸線比較粗的部分是正向，比較細是負向；在右下角有顯示一數字，這是比例尺，如果比例尺的數字是 70.13663，表示數字二邊黃色垂直線之間距離是 70.13663，以讓使用者參考比較圖形的大小。在左下角顯示的英文字樣:Gview:TOP WCS:TOP T/Cplane:TOP 表示目前的螢幕視角 (Giew)是俯視圖(TOP)；工作座標系統(WCS)是俯視圖(TOP)；刀具面和構圖面(T/Cplane)是俯視圖(Top)。

● **狀態列**

　　狀態列顯示在繪圖區的下方，我們可用這功能來於改變目前的繪圖參數，如改變構圖面的 Z 軸深度、作圖層別、繪圖顏色、屬性、群組、構圖面和視角等。

● **刀具路徑和實體管理員標籤**

　　刀具路徑管理員和實體管理員標籤顯示在操作管理員裡面，使用者可以在功能表上選取[**檢視**]->[**切換操作管理員**]也可以用 Alt+O 來切換操作管理員顯示與否。關掉操作管理員可以讓繪圖區大一些，以顯示更多圖形。

1. 刀具路徑管理員標籤是一個供設定參數的地方，它供設定預設檔案，刀具、素材設定和安全區域；也可以檢視、規劃和編輯機器群組、刀具路徑群組和操作。一刀具路徑操作包含了產生特定刀具路徑的所有資訊。

2. 如果有採購實體模組，當使用實體功能繪圖時，**實體管理員**標籤會列出目前檔案中的每一個實體，使用者可以擴展實體的樹狀結構來檢視它的歷史記錄以及它的刀具路徑。

● **工具列**

　　工具列是由一些以圖示表示的指令所組成，選取圖示右邊的箭頭會顯示一下拉功能表，我們可以選取其它同類型指令。

● **內部提示**

　　一些功能會使用內部提示；當選取一功能後，在繪圖區中會顯示一小文字框，這文字框會引導使用者執行必要的動作以完成這功能。例如，當從功能表上選取[**繪圖**]->[**直線**]->[**任意兩點畫直線**]，以下內部提示會出現：

　　　請指定第一個端點

　　當在繪圖區選取第一個端點之後，內部提示會顯示：

　　　請指定第二個端點

　　當選取第二個端點之後，內部提示會再顯示第一個提示，供使用者再產生其它直線，直到離開這功能

提示：

(1) 可以將內部提示拖拉到任何位置，隨後的提示都會出現在新位置。

(2) 可以變更內部提示的大小；將滑鼠放在提示上，按一下右鍵，選取[**較小的**]、[**中等的**]或[**較大的**]。

● **對話窗**

　　當需要輸入一些資料才能完成選取的功能時，系統會顯示對話窗供使用者輸入資料。許多對話窗允許使用者與對話窗之間有互動；例如，使用者可

以在對話窗中暫時回到繪圖區選取一位置、圖素或者刀具路徑。

　　選取左上角的雙箭頭可以擴展對話窗，以顯示其它欄位。在預設狀態下，對話窗是縮小的。

選取左上角的雙箭頭，可以擴展或縮小對話窗.

要回到繪圖區選取一位置或一點,請選取這定位鈕.

● **帶狀列**

　　帶狀列的功能像對話窗但看起來像工具列。許多功能會使用到帶狀列，我們可以使用它來產生、定位和編輯圖形。

　　在沒有選取任何功能的狀況下，帶狀列顯示空白。

將數字欄位上鎖或沒上鎖

在帶狀列中的數字欄位可以上鎖，以避免這數值因為游標在繪圖區移動造成數字改變。每一個欄位有三種狀況：

沒上鎖：帶狀列或是對話窗欄位的預設是沒上鎖的狀況；在這種狀況，欄位中的數字會隨著滑鼠的移動而變化。

軟上鎖：在欄位中輸入數字後，按下[Enter]鍵，欄位會處於軟上鎖的狀況，這欄位會直到產生圖素之後才會改變。請注意到欄位旁邊的鈕是處於下壓被選取的狀況。

硬上鎖：當硬上鎖時，欄位中的數字保持不變，直到手動解除。當需要反覆使用某固定值產生多個圖素時，可以將這欄位硬上鎖。要將一欄位上鎖，先在欄位中輸入數值，再點取欄位旁邊的鈕，這鈕處於下壓被選取且欄位以會紅色顯示。要解除上鎖，只要再選取這鈕即可。

● **自動游標帶狀列**

自動游標帶狀列用於：

(1)　追蹤游標位置

(2)　手動輸入 X、Y 和 Z 座標

(3)　當游標置於圖素上，查覺和抓取特徵點。

我們將在第二章中說明自動游標帶狀列的用法及示範。

● 一般選取帶狀列

除了以滑鼠在繪圖區一次選取一個圖素的方式，Mastercam 也提供一般選取帶狀列供使用者快速方便地選取圖素。在還沒選取任一功能之前，也可以以選取帶狀列先在繪圖區選取圖素。一般選取帶狀列分為標準選取模式和實體選取模式，系統預設是標準選取模式。

● 圖素的狀態

在 Mastercam X 圖素有三種狀態：**活的**、**固定**和**幽靈**。

(1) 當產生一圖素時，還沒有按下[Enter]鍵或是選取[套用]➕或[確定]鈕☑之前，圖素是處於**活的**狀態，以**淺藍色**顯示，表示這圖素還在建立當中，此時我們可以利用在帶狀列或對話窗中的選項編輯這圖素。

(2) 當圖素在活的狀態下，按下[Enter]鍵或是選取[套用]或[確定]鈕後，圖素即呈固定狀態。當在固定狀態時，必須使用[分析]、[編輯]和[轉換]等功能表的指令才能編輯這些圖素。

(3) 當要產生圖素動態移動滑鼠時，此時圖素以白色虛線顯示(直線以白色實線顯示)，稱作在幽靈狀態；當選取最後位置以產生圖素，這圖素則進入活的狀態。

幽靈狀態的圓

1-2　功能表

除了使用工具列和右鍵功能表，我們還可以使用功能表來選取指令；Masteram X 的功能表位於畫面上方，是下拉式的功能表。主要的功能表包括：

◆檔案　　◆編輯　　　◆檢視　　　◆分析　◆繪圖　◆實體
◆轉換　　◆機器型式　◆刀具路徑　◆螢幕　◆設定　◆說明

這節將對每個功能表和其功能提供概要說明。

檔案功能表

使用[檔案]功能表可以開啟、編輯、列印和儲存檔案。

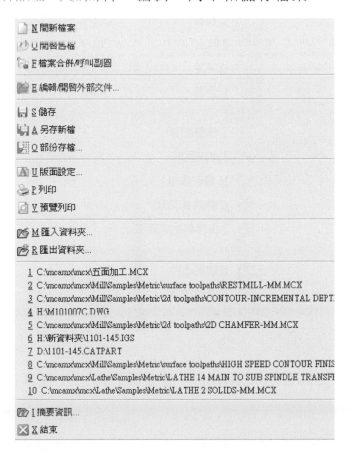

Mastercam 與其它 CAD/CAM 檔案格式之間具有完整密切的整合。只要以[開啟舊檔]功能,會將非 Mastercam 格式圖檔自動轉換為 Mastercam 格式;當儲存圖檔時,可以將所有或部分圖素儲存為指定格式圖檔,並且可以將文字說明和圖形影像連同圖檔一併儲存;也可以從指定資料夾一次匯入或匯出整個資料夾的圖檔。另外也可以將零件圖插入到目前圖檔。

編輯功能表

這功能表主要供編輯圖素,如連接圖素、修改 NURBS、轉成 NURBS、減少 NURBS 控制點(簡化)等,也提供**修整/打斷**副功能表供修剪圖素;另外也可對繪圖區的圖素作剪下、複製、貼上、刪除等動作。

檢視功能表

這功能表主要供管理 Mastercam 繪圖區的顯示及螢幕視角和構圖面的設定。

	O 切換操作管理員	Alt+O
	切換多重計算管理員	
	Y 多重視窗	▶
	F 適度化	Alt+F1
	R 重畫	F3
	P 平移	
	Z 視窗放大	F1
	T 拉近目標	Ctrl+F1
	M 縮小0.5倍/回復先前大小	F2
	U 縮小0.8倍	Alt+F2
	I 拉近/拉遠	
	S 拉近選取	
	A 標準視角	▶
	N 定方位	▶

　　如上圖左邊是選項，右邊的是熱鍵，例如適度化，我們可以選擇滑鼠來點選，也可以按鍵盤上的 Alt+F1。

分析功能表

　　這功能表供查看、編輯圖素的屬性，也可量測長度、面積、體積、檢查曲面或實體的品質等等。

	E 分析圖素屬性...	F4
	P 點座標	
	D 分析距離...	
	V 體積/面積	▶
	C 串連...	
	C 外形...	
	N 角度...	
	Y 動態...	
	N 編號/屬性	▶
	T 測試曲面及實體	▶

1. **分析圖素屬性**：也可以用來作修改圖素的工具。

2. **分析點座標**：可以用來分析圖素某一點的座標是否正確，以便和對程式

3. **分析距離**：是指分析圖素之間的距離長度。

4. **面積/體積**：這功能可以分析 2D 封閉外形內的面積、曲面的表面積和實體的體積、重量，不過前提要有分析東西的密度質。

5. **分析串連物體**：用來分析問題圖素，要用來產生刀具路徑或建立曲面線架構圖形中，最好沒有重複圖素、兩相鄰圖素共同端點要相接等等。

6. **分析外形**：可以分析整個 2D 圖素外形，然而再端點和圓弧產生點座標和長度。

7. **分析角度**：是指分析圖素之間的角度。

8. **動態分析**：是指分析 3D 圖素的高度和位址。

9. **圖素編號**：以輸入圖素的編號來選取要分析的圖素。依圖素繪製的順序，Master cam 會賦予每個圖素一個編號。

繪圖功能表

這功能表供產生線架構圖素(點、直線、圓弧、導圓角、曲線等)、曲面、尺寸標註等，另外也可以產生矩形、多邊形、橢圓、螺旋線等。

實體功能表

這功能表供以實體模組產生 3D 實體圖素,實體是選購模組,必須有採購這模組才能使用。

轉換功能表

這功能表供對圖形作平移、旋轉、鏡射、補正、纏繞、投影、比例放縮等,另外也提供自動排版機能。

機器型式功能表

在產生刀具路徑之前，必須先在機器型式功能表選取機器型式，根據選取的機器型式，系統會顯示其對應的加工功能。而使用者能夠使用的機器型式視採購的模組而定，例如，只採購銑床機能，使用者就無法車床、木型雕刻、線切割、藝術浮雕等機能。

M 銑床	▶
L 車床	▶
W 線切割	▶
R 木雕	▶
設計	

刀具路徑功能表

根據機器型式的選擇，在刀具路徑功能會有不同的顯示，機器型式選取銑床時，顯示左圖；選取車床時，則顯示如右圖。

螢幕功能表

這功能表供指設定在繪圖區圖形的顯示。

可以分析目前繪圖區共有幾條直線和圓弧和刀具路徑、顯示部分圖素和隱藏圖素。

設定功能表

　　這功能表供作系統預設規劃、自訂工具列、按鍵的對應或記憶體的管理等等。

　　系統規劃：可以設計定 Master cam 本身，公差、檔案、螢幕、顏色等等資料。

　　自定：此功能是用來增加滑鼠右鍵的功能表

　　按鍵的對應：此功能是用設定，某些功能對應鍵盤，以產生自設熱鍵例如按 Alt+E 就是顯示部份圖素。

說明功能表

　　這功能表提供線上說明、可接上 Mastercam 原廠網站等。

1-3　檔案的存取

Mastercam 的檔案存取或管理是由功能表上的檔案功能來控制，在功能表上選取[檔案]進入檔案功能表。

F 檔案　E 編輯　V 檢視　A 分析　C 繪圖　S 實體　X 轉換　M 機器型式　T 刀具路徑

　N 開新檔案
　O 開啟舊檔
　F 檔案合併/呼叫副圖

　E 編輯/開啟外部文件...

　S 儲存
　A 另存新檔
　O 部份存檔...

　U 版面設定...
　P 列印
　V 預覽列印

　M 匯入資料夾...
　R 匯出資料夾...

　1　C:\Mcam9\Data\0204.STL
　2　C:\Mcam9\Data\1622A.DWG
　3　C:\mcamx\mcx\五面加工.MCX
　4　C:\mcamx\mcx\Mill\Samples\Metric\surface toolpaths\RESTMILL-MM.MCX
　5　C:\mcamx\mcx\Mill\Samples\Metric\2d toolpaths\CONTOUR-INCREMENTAL DEPTHS
　6　H:\M101007C.DWG
　7　C:\mcamx\mcx\Mill\Samples\Metric\2d toolpaths\2D CHAMFER-MM.MCX
　8　H:\新資料夾\1101-145.IGS
　9　D:\1101-145.CATPART
　10　C:\mcamx\mcx\Mill\Samples\Metric\surface toolpaths\HIGH SPEED CONTOUR FINISH

　I 摘要資訊...
　X 結束

1. 開新檔案：選取這選項後，如果繪圖區已有圖素，系統會出現一詢問訊息，詢問是否要儲存目前圖檔。選取[是]的話，進入存檔對話窗；選[否]，則直接開啟一空白圖檔。

2. 開啟舊檔：開啟舊圖檔，其對話窗如圖所示。X 版至 X4 版圖檔的副檔名是 MCX。

再檔案型式要特別注意到，要看取檔的檔案是那一種格式的，例如 MC9 就要選擇 MC9。

先到檔案型式選取要讀取的檔案型式，再到指定的資料夾選取圖檔。

3.　檔案合併/呼叫副圖：供將一圖檔插入到目前圖檔中。

4.　編輯/開啟外部文件：這功能能供編輯文字檔類型的檔案，如 NC 程式、DOC 文件檔、IGES 檔或後處理等等。

使用者可以選取[編輯器]鈕，選取編輯器，Mastercam 提供至少三種編輯器供使用。

5.　儲存：如果目前圖檔尙未命名，系統會自動開啓另存新檔對話窗供命名
　　存檔。如已命名，自動以目前檔名儲存。

6.　另存新檔：開啓另存新檔對話窗(如上圖)供以新名稱存檔。
7.　部份存檔：如果想要只將目前圖檔中的一部份圖形儲存起來，可以用這
　　功能。
8.　版面設定：供以印表機出圖時，設定紙張大小、列印比例、線寬設定及
　　直印或橫印等。

9. 預覽列印：供預先觀看列印的模擬結果。

10. 摘要資訊：顯示目前畫面中圖檔的資訊。

11. 結束：供離開 Mastercam。

1-4　快速功能鍵

　　Mastercam 提供一些快速功能鍵，供使用者更有效率的操作 Mastercam，筆者在常用的功能鍵右邊有註記，這些常用的功能鍵請務必熟記。

表 14-8

鍵盤	功能
F1 鍵	視窗放大--常用
F2 鍵	回到前一畫面或畫面縮小 0.5 倍--------------------常用
F3 鍵	重畫(清除螢幕雜訊)----------------------------------常用
F4 鍵	分析
F5 鍵	刪除
F9 鍵	顯示座標原點和系統資訊-----------------------------常用
Alt+F1	圖形適度化 (先按住[Alt]鍵不放，再按[F1]鍵) ---常用
Alt+F2	畫面縮小 0.8 倍---常用
Alt+F4	離開 Mastercam
Alt+F8	系統規劃
Alt+F9	顯示 WCS 的 XYZ 軸
Alt+C	執行 C-hook 應用程式--------------------------------常用
Alt+D	進入尺寸標註整體設定視窗
Alt+F	開啟檔案
Alt+H	顯示線上說明
Alt+E	選擇要保留在螢幕的圖素------------------------3D 常用
Alt+S	曲面或實體著色---------------------------------------3D 常用
Alt+T	刀具路徑顯示的切換鍵--------------------------------常用
Alt+U	復原(Undo)
PageUp	每按一下，圖形稍微放大。--------------------------常用
PageDown	每按一下，圖形稍微縮小。--------------------------常用
Alt+←	圖形向左側旋轉--常用
Alt+→	圖形向右側旋轉--常用
Alt+↑	圖形向上旋轉---常用
Alt+↓	圖形向下旋轉---常用

座標輸入

學習目標

1. 自動抓點的特性

2. 抓點的方式

3. 座標值的輸入法

2-1　座標點輸入的方法

在 Mastercam 中工作時常會被提示輸入點位置。使用者可以用游標的**自動抓點**功能或是以**抓點方式功能表**來選取點座標位置。

2-2　自動抓點

當內部提示要求輸入一點時，**自動抓點**功能可讓使用者以滑鼠在圖素上直接選取一特徵點(不需經由抓點方式功能表)。只要將滑鼠的十字指標放在圖素的特徵位置上，會在特徵點上出現一特徵點符號，此時按下滑鼠左鍵，即可抓取到這一點位置，不需經由抓點功能表的操作，使工作更有效率。

圖素上的特徵位置有以下幾種：

1. **系統座標原點**(X0,Y0,Z0)：

     原點

    Mastercam 可以讓使用者以游標直接在螢幕上抓取系統原點座標，不必再以手動方式輸入(0,0,0)，(按下[F9]會顯示原點位置)，當游標移到原點位置時，游標會顯示米狀符號。

2. **圓心點**：

    ⊙ 圓弧中心點

    當要選取圓弧的圓心點時，把游標放在圓弧中心上，在圓心位置會出現如上圖符號，而且這圓心的圓弧圖素也會反白，這時只要按下滑鼠左鍵就可選取到圓心點。

3. **端點**：

     端點

    將滑鼠置於圖素的端點上，游標旁出現如上圖符號時，按下滑鼠左鍵即可選取到這圖素的端點；除了存在點和註解文字外，Mastercam 所有圖素都有端點，即使是全圓也有端點(在圓心的 3 點鐘方向)。

4. **交點：**

　　✕　交點

交點是兩線架構圖素(如直線、圓弧、曲線)確實相交的位置。將滑鼠置於二圖素間的交點上，游標旁出現如上圖符號時，按下滑鼠左鍵即可選取到交點。

5. **中點：**

　　✱　中點

中點是線架構圖素(直線、圓弧、曲面)長度一半的位置。將滑鼠置於圖素的中點上，游標旁出現如上圖符號時，按下滑鼠左鍵即可選取到這圖素的中點；

6. **存在點：**

　　＋　存在點

存在點是 Mastercam 的點的圖素，稱之為**存在點**。以[**繪圖**]->[**點**]功能可以產生"存在點"圖素。它在圖面上預設以十字表示。

7. **四等分位：**

　　✪　四分位

四等分位是圓弧 0 度、90 度、180 度、270 度的位置。由於全圓的端點在圓心的 3 點鐘方向(0 度位置)，所以游標在全圓 0 度位置時，抓取的位置可能是圓的端點。

8. **相切點：**

　　↗　相切點

畫直線或圓弧時可選取與某直線或圓弧、曲線相切位置，以產生切線或切弧。

9. **最近點：**

　　✳　最近點

可選取與某圖素最短距離的點位置，以產生連近距線

10. **垂直/水平：**

　　┗　水平/垂直

可選取與第 1 點呈垂直或水平的位置，以產生垂直線或水平線。

11. 垂直正交：

⊥　垂直正交

可選取與某圖素相垂直的位置，以產生法線。

自動抓點特徵點的優先順序

在擁擠的圖形中，在游標附近可能有很多特徵點，自動抓點會依下列順序抓取點位置：

- 存在點
- 端點
- 中點
- 圓弧的四等分位點
- 圓心點
- 交點

游標移到繪圖區，按一下滑鼠右鍵，系統就會顯示含有自動抓點功能的右鍵功能表。點取[自動抓點]，進入[自動抓點設定]對話窗，這裡可以設定要自動抓點的特徵點。

　　[預設到第一點模式]：假如這個鍵沒有打勾的話必須按空白鍵才可以輸入座標，如果這個鍵有打勾，不用按空白鍵就可直接輸入座標

　　[啓用 POWER KEYS]：假如這個鍵沒有打勾的話，要選擇圖素的話還要進入手動抓點選取位置，如果有打勾的話可直接輸入熱鍵找出圓心點和端點了。

2-3　手動抓點

　　Mastercam 需要使用者輸入一點位置時，如果圖素之間不相交，或者圖素眾多擁擠，無法用自動抓點選取位置時，可以使用手動抓點方式。要進入手動抓點功能表，選取自動游標帶狀列上的倒三角箭頭，出現手動抓點下拉功能表。這功能表供使用者先指定要抓取點座標的種類（原點、圓心點、端點、交點等等），再選取螢幕上的圖素，即可選取到所要的座標點。

1.　圓心點：供抓取一圓弧的圓心點。

游標點在這裡

2. 端點：選取一圖素靠近游標一端的端點。如果選取的是曲面，系統會抓取選取曲面時最靠近十字游標的角落，但是如果選取的曲面是被修剪的曲面而且這修剪曲面的邊界不是是於其未修剪曲面(副曲面)的邊界上，那麼所抓取的點可能不會位於修剪曲面上。

3. 點：抓取在最近構圖面上被選取的二個線架構圖素(線、圓弧、曲線)的相交點。在實際作圖時二個圖素可能不只在一處相交；在這種情形下，游標選取圖素時請靠近想要抓取的相交處，才不致產生不想要的結果。當直線或圓弧之間實際上並未相交，但系統會計算出理論的相交點；但這特性並不適用於曲線。如果選取的圖素之間不可能有相交點時，系統會在螢幕上顯示提示訊息來提醒。

4. 中點：供抓取線、圓弧或 Spline 曲線等圖素的中間點。中點位於圖素長度一半的位置。

5. 存在點：供抓取螢幕上的存在點。

6. 相對點：這選項供以相對於已知位置的方式來輸入點位置。一旦選取一已知點時，在帶狀列顯示相對點的輸入欄位。

直角座標輸入欄　　極座標的長度　極座標的角度　　　　確定鈕

7. 四等分位：供抓取圓弧在 0 度、90 度，180 度及 360 度位置的點座標。

2-4 範例一

以下圖為例，用輸入座標值畫直線的方式，將外形畫出來。

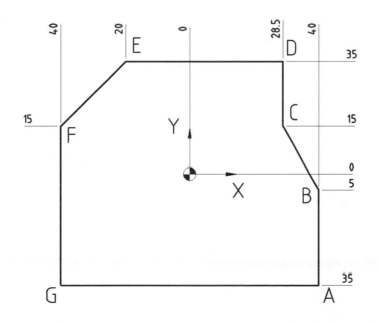

每條直線的端點座標先整理如下：

A：X40,Y-35　　　B：X40,Y-5　　　C：X28.5,Y15

D：X28.5,Y35　　　E：X-20,Y35　　　F：X-40,Y15

G：X-40,Y-35

操 作 步 驟

步驟 1　開啓新圖檔

在主功能能選取[**檔案**]→[**開新檔案**]，以開啓新圖檔。

步驟 2　工能表上的繪圖、直線、二點畫線以畫連續線方式繪製外形

1. 按下鍵盤上的[F9]，顯示原點座標位置。

2. 在工具列上選取 ↖ ▾圖示(畫直線)。

3. 在帶狀列選取連續線圖示。(如下圖)

4. 在如下圖欄位中輸入第一個座標(X40,Y-35)後,按下[Enter]鍵。系統會抓到第一個座標。

註:在 X 欄位輸入 40 後，按下[Enter]，游標會跳到 Y 欄位。

5. 接著繼續在座標欄位中輸入第二個座標(X40,Y-5)，按下[Enter]鍵，在繪圖區產生一條直線。

6. 接著我們用迅速繪點模式來輸入後續的座標點。

7. 選取**迅速繪點**鈕 🔧(或按下空白鍵),座標輸入欄呈現整個空白,如下圖。

8. 在空白欄中輸入 X28.5 Y15，按下[Enter]。

9. 再按一下空白鍵，進入迅速繪點，在空白欄輸入 Y35，不用輸入 X 軸座標，系統會記憶上次的 X 軸座標。

10. 再按一下空白鍵，在空白欄輸入 X-20。
11. 按一下空白鍵，在空白欄輸入 X-40Y15
12. 按一下空白鍵，在空白欄輸入 Y-35。
13. 按一下空白鍵，在空白欄輸入 X40。
14. 按下鍵盤上的[Esc]鍵或是選取帶狀列右邊的確定鈕結束畫直線的指令。

如圖解範例

1.	建立任意兩點畫線	6.	輸入座標 X28.5 Y15
2.	選擇連續線	7.	輸入座標 Y35
3.	迅速繪點	8.	輸入座標 X-20
4.	輸入座標 X40,Y-35	9.	輸入座標 X-40　　Y15
5.	輸入座標 Y-5	10.	輸入座標 Y-35

圖 2-5-1

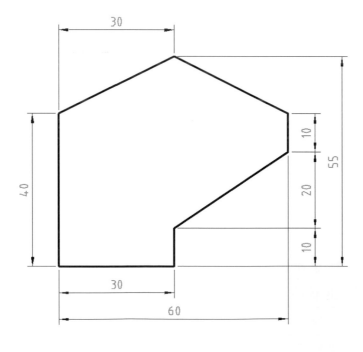

圖 2-5-2

3
CH

繪圖(一)

學習目標

1. 了解直線和圓弧的種類

2. 切線、切弧的使用方法

3. 導圓角的設定和使用

3-1 繪圖功能表

在功能表上選取[繪圖]後，功能表上出現繪圖功能表內容如下。

內容簡要說明如下：

1. **點**：供畫存在點。在這裡"點"是一種圖素，它不是指端點、圓心點或中點，而是記錄一個座標位置的圖素，它又稱為存在點。

2. **直線**：供畫直線。

3. **圓弧**：畫圓弧。

4. **導圓角**：產生導圓角。

5. **倒角**：對 2D 線架構圖素倒角。

6. **曲線**：畫 Nurbs 或參數式曲線。

7. **曲面曲線**：從曲面上產生曲線。

8. **曲面**：畫曲面。

9. **尺寸標註**：圖形標註尺寸。

10. **建立矩形**：可快速畫矩形。

11. **建立矩形的外形**：可快速畫多類型的矩形。

12. **建立多邊形**：可畫多邊形。

13. **建立橢圓形**：畫橢圓。

14. **建立螺旋線(間距)**：供畫平面(2D)螺旋。

15. **建立螺旋線(錐度)**：畫立體(3D)螺旋。

3-2　例題一

練習重點

　　繪圓(極座標圓)　繪極座標線(水平線及垂直線)　倒圓角　修剪延伸-兩個物體

操 作 步 驟

步驟 1 開啟新檔

1. 選取[檔案]→[開新檔案]，如果繪圖區已有圖素，系統會詢問是否確定要儲存？

2. 選取[是]鈕，如果您的畫面中有圖，請於先存檔，選取[否]的話則不存檔。
3. 按鍵盤上的[F9]顯示繪圖區的原點位置。

步驟 2 畫垂直線

1.	建立任意兩點畫線
2.	選擇垂直線
3.	選擇第一端點、選擇第二端點
4.	輸入 X 座標 0
5.	選擇第一端點、選擇第二端點輸入 X 座標 35
6.	選擇第一端點、選擇第二端點輸入 X 座標 60

步驟 3　畫水平線

1.	選擇水平線
2.	選擇第一端點、選擇第二端點
3.	輸入 Y 座標 0
4.	選擇第一端點、選擇第二端點輸入 Y 座標 15
5.	選擇第一端點、選擇第二端點輸入 Y 座標 20

步驟 4　畫極座標線

1.	關掉水平線
2.	選擇迅速繪點
3.	輸入座標 X55Y125
4.	輸入長度 15 角度-100
5.	選擇第一端點輸入角度-27.5，在選擇第二端點
6.	選擇第一端點輸入角度 15，在選擇第二端點
7.	選擇第一端點輸入角度 85，在選擇第二端點

步驟 5 畫圓弧

1.	選擇已知圓心極座標畫弧
2.	輸入半徑 150
3.	輸入起始角度 270 輸入終止角度 90
4.	選擇迅速繪點
5.	輸入圓心座標 X-60Y60
6.	按確定鍵

步驟 6 倒圓角

1.	選擇倒圓角
2.	輸入倒角半徑 10
3.	選擇修剪
4.	選擇圖素一另選擇圖素二(R10 圓角一併)
5.	輸入半徑 2 倒圓角
6.	按確定鍵

步驟 7 修剪及刪除

1.	選擇修剪功能
2.	選擇修剪兩物體
3.	選擇修剪圖素一及圖素二
4.	按 🖊 選擇刪除圖素
5.	按 ☑ 確定鍵

步驟 8　按 Alt+F1 圖形適度化

3-3 例題二

步驟 1 開啟新檔

1. 選取[檔案]→[開新檔案]，如果繪圖區已有圖素，系統會詢問是否確定要儲存。

2. 選取[是]鈕，如果您的畫面中有圖，請於先存檔；選取[否]的話則不存檔。

3. 按鍵盤上的[F9]開啓座標原點顯示。

步驟 2 繪圓及水平線

請指定第一個端點

1.	選擇建立已知圓心畫圓	5.	選擇水平線
2.	輸入半徑 50	6.	選擇第一端點、選擇第二端點
3.	點選原點	7.	輸入 Y 座標 40
4.	選擇直線		

步驟 3　兩點畫弧

1.	選擇建立兩點畫弧
2.	輸入半徑 70
3.	點選迅速繪點
4.	輸入第一點座標 X10Y60，第二點座標 X60Y-10
5.	選擇保留圓弧邊
6.	按確定鍵

步驟 4 畫相切線

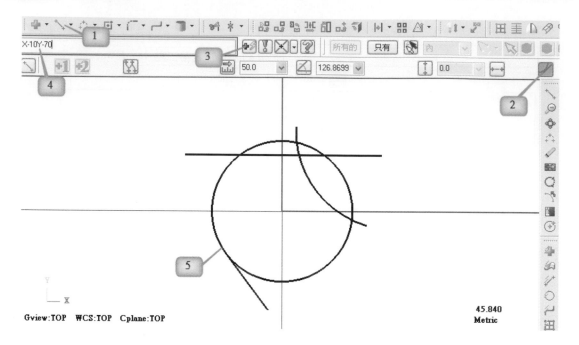

Gview:TOP   WCS:TOP   Cplane:TOP

45.840
Metric

1.	選擇直線
2.	點選相切
3.	點選迅速繪點
4.	輸入第一點座標 X-10Y-70
5.	點選圓弧相切圖素
6.	按確定鍵

步驟 5　畫相切弧

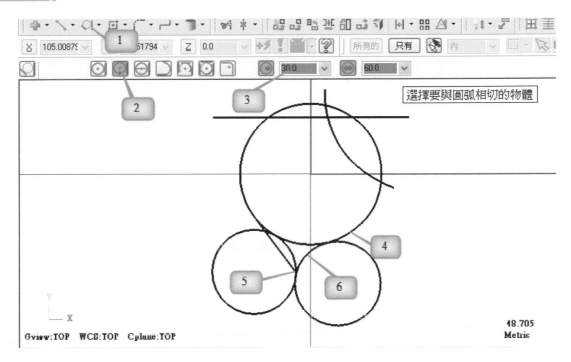

1.	選擇建立切弧
2.	點選經過一點
3.	輸入半徑 30
4.	點選圓弧圖素
5.	點選直線端點
6.	選擇保留圓弧邊
7.	按確定鍵

步驟 6 倒圓角

1.	選擇倒圓角
2.	輸入倒角半徑 8
3.	選擇修剪
4.	選擇圖素一另選擇圖素二
5.	輸入半徑 15 倒圓角
6.	按確定鍵

步驟 7 修剪

1.	選擇修剪功能	4.	選擇分割圖素
2.	選擇修剪兩物體	5.	選擇修剪圖素
3.	選擇修剪圖素一及圖素二	6.	按確定鍵

步驟 8   按 Alt+F1 圖形適度化

3-4   習題

圖 3-4-1

圖 3-4-2

圖 3-4-3

圖 3-4-4

4
CH

繪圖(二)

學習目標

1. 了解畫矩形、多邊形和橢圓的參數和方法

2. 了解文字字體的種類和特性

4-1　繪圖功能表(二)

本章繼續介紹 2D 繪圖功能，要介紹的功能有：

1. **矩形**：可快速畫矩形、鍵槽或橢圓形等。在 4-2 節介紹
2. **倒角**：對 2D 線架構圖素倒角。在 4-3 節介紹。
3. **文字**：Mastercam 提供各種字體供使用者畫文字。將 4-4 節介紹。
4. **呼叫副圖**：這功能與**合併圖檔**類似，但更有多種功能供使用者使用。在 4-5 節介紹。
5. **橢圓**：畫橢圓。在 4-6 節介紹。
6. **多邊形**：畫多邊形。在 4-7 節介紹。

4-2　畫矩形

除了以畫垂直線和水平線經過修整，可以產生矩形之外。Mastercam 畫矩形的功能可以讓使用者更快速的畫出多樣式的矩形。在主功能表上選取[繪圖]→[建立矩形外形]，進入畫矩形功能表，這裡面的功能說明如下：

1. **一點**：以輸入一點位置來放置矩形，至於矩形的大小會由一對話窗中輸入。選取[一點]這功能後，螢幕上出現一對話窗(如圖 4-2-2)，內容有寬度、高度和點的位置。寬度是指矩形 X 軸方向的長度；高度是 Y 軸方向長度；至於點的位置是指矩形的基準點，它有 9 個位置供使用者使用(預設是在矩形中心，例如基準點在矩形中心的話，選取[完成]鍵，系統會要求為使用者輸入矩形中心在繪圖區的位置，以決定矩形放的位置。

2. **兩點**：在繪圖區選取二個對角位置
以決定矩形位置和大小。選取[兩點]
功能後，提示區要求輸入矩形的左
下角位置；輸入左下角位置後，出
現一白色的矩形拖拉框而且提示區
也會即時的顯示拖拉框的寬度和高
度供參考，將拖拉框的右上角拉到
適當位置後，按下滑鼠左鍵以輸入
右上角位置，完成矩形的繪製。

3. **型式**：設定矩形的有關參數。選取
[選項]這功能後，出現"矩形之選項"
對話窗，供使用者設定即將產生的
矩形型式、是否要倒圓角、是否要
貼上曲面、是否要將矩形旋轉一角
度或是在矩形中心產生存在點等。
將這視窗中的參數設定好之後，不
管是用[一點]或[兩點]來畫矩形，都
會以這對話窗的設定來產生。

4-3　倒角

倒角這功能只能對直線或圓弧這二種線性圖素產生倒角。在主功能表上選取[繪圖]→[倒角]即可進入**倒角對話窗**內容說明如下：

倒角方式有四種：**單一距離、不同距離和距離/角度**。說明如下：

1. **單一距離**：倒角的二邊距離以相同尺寸產生倒角。所以在對話窗中會只有**距離 1** 欄位可供輸入倒角距離。

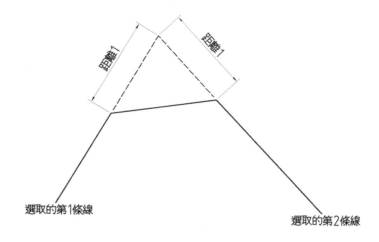

2. **不同距離**：倒角的二邊距離可以不同尺寸產生倒角。在對話窗中**距離 1** 和**距離 2** 欄位可以輸入倒角距離。

3. **距離/角度**：以輸入距離和角度方式產生倒角。倒角方式選取"距離/角度" 時，對話窗顯示。

4. **寬度**：以輸入距離式產生倒角。倒角方式選取倒角的二邊距離，對話窗顯示。

　　串連選取的檢查方塊有打勾時，倒角視窗設定好後(選取[完成]鈕)，主功能表顯示串連功能表供使用者以串連方式選取圖素，以一次完成多個倒角。

　　不過使用串連導角時，只可以使用單一距離和寬度二種參數。

　　修整圖素的檢查方塊有打勾時，會將被選取的圖素修剪。

4-4　畫文字

　　要在繪圖區書寫文字，選取主功能表的[繪圖]→[下一頁]→[文字]選項，Mastercam 開啓"繪製文字"對話窗，裡面分爲三部分：**字體設定**、**文字輸入**、**參數**。內容說明如下：

1.　**字體設定**：要產生文字之前必須先決定用那一種字型，Mastercam 提供三種來源的字體：MCX(Mastercam 以圖檔形式儲存的字體)、尺寸標註(尺寸標註時使用的字體)和眞實字體(Windows 系統安裝的字體)。

　　　每一種來源字體也區分了許多字型，每種字型名稱和文字的形狀請參閱圖。由於 MCX 字體和尺寸標註字體是 Mastercam 內建的，所以這兩種來源的字體不能繪出中文字，只有眞實字型才可以。

　　　要變更字體，用滑鼠點一下倒三角形，視窗列出所有的字型名稱如圖，請在其中選取一種字型。如果要使用 Windows 系統所安裝的字體，選取視窗中的[眞實字體]鈕，在 Windows 的"字型"對話窗選取所要的字型。

　　　另外補充一點，在 MC9 的字體中有一種"MC9(Other)字型"，當選取這字型時，視窗中的"在 Mastercam 的目錄"欄位會開啓，而且列出字體的目錄，但是使用者並不能用這種字型產生文字；這種字型是供使用者建立自有字型時使用的，至於如何自建字型，請參考原廠手冊說明。

註：除了 MCX 的 BOX 字型和尺寸標註的 STICK 字型是單線體，其餘的字型都是空心字。

2. **文字輸入**：想產生的文字請在欄位中輸入。

3. **參數設定**：設定文字的高度、文字間距及排列方式等等

範例

以下範例將產生如圖形：

 操 作 步 驟

步驟 1　**開啓一張新圖**

1. 選取[回主功能表]操作鈕，在主功能表上選取[檔案]→[開啓新檔]，確定
要回復起始狀態。

步驟 2 繪製圓

Gview:TOP   WCS:TOP   Cplane:TOP

35.700
Metric

1.	選擇建立已知圓心畫圓
2.	輸入半徑 50
3.	點選原點
4.	輸入半徑 40
5	點選原點

步驟 3 輸入文字

1.	選擇繪圖	5.	選擇圓弧頂部
2.	選擇建立文字	6.	輸入高度 10 圓弧半徑 50 間距 2
3.	選擇字型 MCX(Block)Font	7.	按確定鍵在點圓心位置
4.	輸入文字 MASTERCAM		

步驟 4 在 R40 圓弧下方產生 MASTERCAM 字樣

1.	選擇字型 MCX(Box)Font
2.	選擇圓弧底部
3.	輸入高度 10 圓弧半徑 40 間距 2
4.	按確定鍵在點圓心位置

步驟 5　以尺寸標註的 STICK 字型產生 MASTERCAM 字樣

1.	選擇字型 Drafting(Current)Font
2.	點選尺寸標註整體設定
3.	輸入字高 10
4.	長寬比 0.5
5.	字距 1
6.	按確定鍵

請輸入文字的起始位置

7.	點選迅速繪點
8.	輸入座標 X-40 Y-65

MASTERCAM

步驟 6 產生中文字

1.	點選真實字型	5.	點選水平
2.	點選新細明體	6.	輸入高度 16
3.	按確定	7.	輸入字距 1
4.	輸入文字(全華圖書)	8.	按確定

9.	點選迅速繪點
10.	輸入座標 X-33 Y-6

4-5 呼叫副圖

呼叫副圖這功能和 AutoCAD 的插入區塊有些類似,可以將一些零件圖插入目前圖檔;在主功能表選取[繪圖]→[下一頁]→[呼叫副圖]即進入呼叫副圖對話窗,說明如下:

比例　　　旋轉　　　鏡射　　　目前的屬性

1. **副圖檔名**：副圖的檔名只要是 Mastercam 的圖檔，即使是舊圖檔，不論版次(GE3、MC7、MC8 和 MC9)也都可以作為副圖插入目前圖檔。

   以右邊的圖檔選取鈕⋯進入 Mastercam 取檔視窗選取圖檔後，被選取的圖檔名稱及其目錄會顯示在欄位中。

2. **參數**：在參數區中有幾個參數供使用者對副圖作比例縮放、旋轉、鏡射等處理。說明如下：

   (1) **比例**：這欄位中的值，會將插進來的圖形作縮小放大。如輸入 0.5，插進來的圖形會縮小一半；輸入 2，則放大 2 倍。如輸入 1 則不變。

   (2) **旋轉**：將插進來的圖形旋轉這欄位所指定的角度。

   (3) **鏡射**：將插進來的圖形對指定軸作鏡射。指定軸可指定 X、Y 或 Z 軸，三選一。

(4) **使用作圖的顏色和層別**：這參數有被打勾時，插進來的圖形會以目前圖檔的作圖顏色顯示而且會移到目前系統層上。但實際上插進的圖形會被設定為群組以示區別，而群組的預設是紅色。所以副圖最初以紅色顯示，要直到群組的設定刪除之後才會以圖素本身顏色顯示。

(5) **取消上一步驟**：如果上一次插入的副圖不滿意，可以選這鈕取消。

　　呼叫副圖對話窗中的參數都設定好了之後，選取[確定]鈕後，主功能表上顯示的是抓點方式功能表，使用者在繪圖區中選取一點作為副圖放置的位置，插進來的圖形以紅色顯示。

4-6　畫橢圓

　　選取[繪圖]→[建立橢圓形]，進入"繪製橢圓"對話窗。對話窗中各參數的定義說明如下：

1. **X 軸半徑**：橢圓的 X 軸方向一半的長度。
2. **Y 軸半徑**：橢圓的 Y 軸方向一半的長度。

3. **起始角度**：設定系統開始產生橢圓的角度。這角度是絕對值。如果這數值大於 0 度，產生的橢圓不是封閉式的橢圓。

4. **終止角度**：設定系統結束橢圓的角度。這角度也是絕對值。

5. **旋轉**：輸入橢圓要旋轉的角度。也許有人會問：旋轉角度會不會影響上述各參數的設定？不會！因為 Mastercam 先以上述第 1 到第 4 的參數計算出橢圓後，再以旋轉角度將橢圓旋轉。

6. **橢圓預視**：在對話窗右半部區域，顯示橢圓的圖形。每當參數修改時，這圖形也會即時變更，供使用者確認輸入的參數是否正確。

　　對話窗的參數都設定好之後，選取[確定]鈕。為橢圓中心的位置選取一點後，即產生橢圓。

4-7 畫多邊形

　　所謂的多邊形，是指三個以上直線邊且從中心到每個直線端點的距離都相等所形成的封閉外形。選取[繪圖]→[建立多邊形]可進入"繪製多邊形"對話窗說明如下：

1. **邊數**：輸入多邊形的邊數。最小值 3，最大值 360。
2. **半徑**：假想圓的半徑值。
3. **旋轉**：多邊形繞著中心的旋轉角度。
4. **內接於假想圓**：這選項有打勾，表示多邊形在假想圓的內側，中心到直線邊端點距離等於假想圓的半徑。沒有打勾的話，多邊形在假想圓的外側相切(又稱為外切於圓)，中心到直線邊端點距離大於假想圓的半徑。
5. **導圓角**：這選項有打半徑，表示將多邊形銳角產生圓角。若沒有打勾的話，多邊形以直線產生。
6. **旋轉**：這選項有打參數，表示將多邊形產生會旋轉幾度。

4-8 範例一(繪製加工圖)

請依以下步驟繪製加工圖，並以 4-8 為檔名儲存。

操 作 步 驟

步驟 1 | 繪製 96X59 的矩形

1.	點選	4	點選左下位置
2.	選擇建矩形的外型	5.	點選原點
3.	建立寬度 96 及高度 59		

步驟 2 ｜ 畫平行線

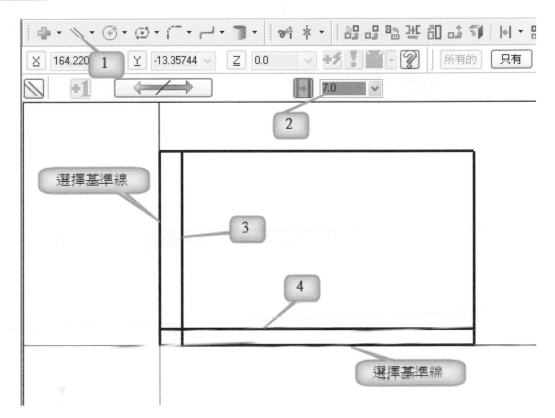

1.	選取平行線
2.	輸入補正距離 7
3.	選擇基準線在指定補正方向
4.	選擇基準線輸入補正距離 5 選取補正方向

步驟 3 畫矩形

1.	選取
2.	點選建矩形的外型
3.	建立寬度 62 及高度 50
4.	輸入半徑 10
5.	點選左下位置
6.	點選原點
7.	刪除直線

步驟 4　畫垂直線

1.	選取平行線
2.	輸入補正距離 9
3.	點選基準線
4.	指定補正方向
5.	輸入補正距離 40　選取補正方向
6.	補正距離 40/2=20　選取補正方向
7.	輸入補正距離 12/2=6點選基準線 6 選取補正方向
8.	選取補正方向

步驟 5　畫水平線

Gview:TOP　WCS:TOP　Cplane:TOP

1.	選取平行線
2.	輸入補正距離 5
3.	點選基準線
4.	指定補正方向
5.	輸入補正距離 12　選取補正方向
6.	輸入補正距離 28　選取補正方向
7.	輸入補正距離 38　選取補正方向

步驟 6　畫三物體切弧

選擇要與圓弧相切的物體

1.	選取圓
2.	選取建立切弧
3.	選取切三物體畫弧
4.	點選圖素一、圖素二、圖素三
5.	點選圖素一、圖素二、圖素三

步驟 7 │ 畫極座標線

1.	選取直線
2.	選取強制交點
3.	點選圖素一、圖素二
4.	輸入角度-75
5.	點選圖素一、圖素二
6.	輸入角度-105

步驟 8 　修剪

1.	選取修剪
2.	選取三物體修剪
3.	點選圖素一、圖素二、圖素三(先選二條垂直線在選圓弧)
4.	點選圖素一、圖素二、圖素三(先選二條垂直線在選圓弧)

步驟 9 ┃ 倒圓角

1.	選取倒圓角
2.	輸入半徑直 6
3.	點選圖素一、圖素二
4.	輸入半徑直 5　點選圖素一、圖素二
5.	輸入半徑直 1　點選圖素一、圖素二
6.	刪除線段

步驟 10 ┃ 畫平行線

1.	選取平行線
2.	輸入補正距離 6
3.	點選基準線
4.	指定補正方向
5.	輸入補正距離 15　選取補正方向
6.	點選基準線
7.	輸入補正距離 6　選取補正方向
8.	輸入補正距離 6　選取補正方向

步驟 11 ┃ 倒圓角

1.	選取倒圓角	5.	點選圖素一、圖素二
2.	輸入半徑直 4	6.	選取修剪
3.	選取不修剪	7.	點選圖素一、圖素二
4.	點選圖素一、圖素二	8.	點選圖素一、圖素二

步驟 12 修整圖素

1.	選取修剪	5.	點選圖素一、圖素二
2.	選取分割物體	6.	點選圖素一、圖素二
3.	點選圖素一	7.	點選圖素一、圖素二
4.	選取修整二物體	8.	點選圖素一、圖素二

步驟 13　畫直線及畫圓

1.	選取直線
2.	點選二個端點
3.	選取圓弧
4.	輸入直徑 6
5.	點選交點
6.	刪除直線

步驟 14 存檔

1.	選取檔案
2.	選取另存新檔
3.	輸入檔名
4.	選取確定

4-9 習題

圖 4-9-1

圖 4-9-2

圖 4-9-3

圖 4-9-4

圖 4-9-5

圖 4-9-6

5

CH

繪圖(三)

本章摘要

學習目標

1. 畫曲線的各種技巧
2. 了解手動及自動的使用方法
3. 如何使用熔接曲線

5-1 繪圖功能表(三)

本章繼續介紹 2D 繪圖功能，要介紹的功能有：

1. **曲線**：畫 Nurbs 或參數式曲線。在 5-2 節介紹。

5-2 畫曲線

要畫曲線，選取主功能表上的[繪圖]→[曲線]即可進入繪製曲線功能表，每一選項的功能說明如下：

1. **曲線型式**：這是切換選項，選取這選項可以設定曲線的型式是要產生 Nurbs 或是參數式曲線。系統預設是 Nurbs 曲線。

    以手動畫曲線的步驟：

    (1) 從主功能表上選取[繪圖]→[曲線]，進入繪製曲線功能表。

    (2) 決定曲線型式。預設值為(Nurbs 曲線)，如果想切換為參數式曲線，只要用滑鼠選取[設定]、[系統規劃]、[CAD 設定]，它會作切換。

    (3) 選取[手動]選項，請在繪圖區依序輸入曲線要經過的點。

    (4) 點輸入完後，按下鍵盤上的[Enter]鍵曲線即產生。

2. **自動**：使用這選項之前，必須在繪圖區有 3 個以上的存在點。這些存在點可以畫點的方式事先畫好或是 3 次元量床所量測的點資料以圖檔轉換方式(Ascii、Iges 等)轉進來。

選取這選項後，提示區要求選取曲線的第 1 個存在點，以決定曲線的起點位置；第 1 點選取之後，提示區又要求選取第 2 個點，這第 2 點決定搜尋存在點的方向。選取第 2 點之後，要求選取曲線的最後一點，決定曲線的終點位置。

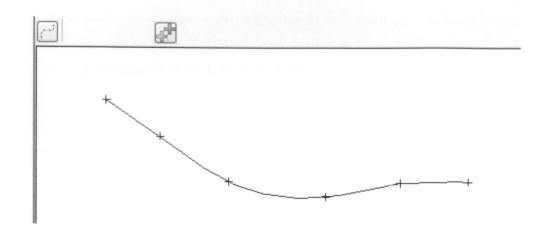

以自動畫曲線的步驟：

(1) 新曲線要經過的點位置上必須先產生存在點。

(2) 從主功能表上選取[繪圖]→[曲線]→[自動曲線]。

(3) 決定曲線型式。預設值爲(Nurbs 曲線)，如果想切換爲參數式曲線，只要用滑鼠選取[設定]、[系統規劃]、[CAD 設定]，它會作切換。

(4) 選取[自動]選項，請依提示區的提示在繪圖區選取作爲曲線起始點(第 1 點)的存在點，選取第 2 個存在點設定曲線的搜尋方向，選取曲線的最後一個存在點，作爲曲線的終點。三個存在點選取後，曲線即產生。

以轉成單一曲線的步驟：

(1) 新的圖素，但不是曲線的狀態，轉成單一條曲線。

(2) 從主功能表上選取[繪圖]→[曲線]→[轉成單一曲線]。

(3) 決定曲線型式。預設值爲（Nurbs 曲線），如果想切爲參數式曲線，只要用滑鼠選取[設定]、[系統規劃]、[CAD 設定]，它會作切換。

(4) 選取要轉換的圖素，用串連或窗選，轉出曲線後看本身的圖素看是否要保留曲線、隱藏曲線、刪除曲線、移至其他層別。

以另一圖素繪出和相鄰二圖素相切的曲線之步驟：

(1) 從主功能表上選取[繪圖]→[曲線]→[建立熔接曲線]，進入繪製曲線功能表。

(2) 決定曲線型式。預設值為(Nurbs曲線)，如果想切換為參數式曲線，只要用滑鼠選取[設定]、[系統規劃]、[CAD設定]，它會作切換。

(3) 以[手動]或[自動]選項，選取曲線要經過的點。

    ① **另一端點**：選取這選項時，以選取圖素(直線、圓弧或曲線)時靠近的端點之切線方向來調整箭頭方向。

    ② **切換方向**：可讓箭頭方向反轉 180 度。但是以[三點弧]和[自然狀態]這二個選項所設定的箭頭方向，不能使用這功能。

    ③ **執行**：曲線頭尾的箭頭方向設定好之後，選取這選項即可繪出曲線。

3. **熔接參數設定**：將串連的圖素轉成曲線。串連的圖素可以由直線、圓弧和曲線等組成，這功能會將這些串連圖素轉成一條曲線。要轉成曲線的串連圖素選取之後，主功能表顯示如內容，說明如下：

4. **熔接**：這選項讓使用者在二個線性圖素(直線、圓弧或曲線)之間產生分別和這二個線性圖素相切的曲線。以圖為例，要在直線和圓弧產生曲線步驟如下：

(1) 在主功能表選取[繪圖]→[曲線]→[熔接],在提示區要求選取第一個曲線;並不是只能選取曲線而已,所有的線性圖素(直線、圓弧或曲線)都可以。

(2) 以滑鼠選取左邊的直線後,在直線上出現可讓滑鼠拖動的箭頭並且提示區顯示如圖,用滑鼠移動箭頭到適當位置,按下滑鼠左鍵;這適當位置就是曲線將和直線相切的位置。

(3)　提示區要求選取第二個曲線，選取右邊的圓弧，操作步驟如圖一樣。

(4)　第一、二個曲線選取後，出現一條暫時的白色曲線，主功能表顯示如圖。其內容說明如下：

① **修整方式**：這是切換選項，決定是否要修剪第一或第二曲線。：
二個曲線都修剪；兩者"：二個曲線都不修剪；"無"：只修剪第
一曲線；只修剪第二曲線。

② **熔接值 1**：設定要產生的曲線與第一曲線相切時的拉力強度，預
設值為 1，愈高的數值造成愈大的強度。一旦修改這值，白色暫
時曲線形狀也會跟著改變。

③ **熔接值 2**：設定要產生的曲線與第二曲線相切時的拉力強度。

④ **執行**：上述(1)~(3)選項設定好之後，選取這選項，曲線即產生出
來。

6 CH

圖素的修整

學習目標

1. 學會如何修剪圖素及延伸

2. 學會如何分割圖素

3. 學會如何修剪圓弧

6-1 修剪延伸

在功能表選取[修整]→[修剪延伸]，進入修剪/延伸功能表，如圖 6-1-1。
這功能表的內容在本節中說明：

圖 6-1-1

1. **修整一物體**：先選取要修剪的圖素，再選取邊界圖素的方式來修剪或延伸一圖素。

   (1) 在修剪/延伸功能表選取[修整一物體]，提示區顯示如圖 6-1-2 提示。選取圖素一

圖 6-1-2

(2)　提示區顯示如圖 6-1-2。在選取修剪邊界圖素二。

重點：選取要修剪的圖素時，請選取要保留的那一邊。

修剪線性圖素時有二個重要特性：

(1)　被修剪的圖素是直線和弧時，它與作為修剪邊界的圖素不需要相交也可以延伸修齊，只要被修剪圖素和修剪邊界之間的延伸方向有相交就可以；曲線不能被認為有延伸方向，所以曲線要被修剪時，一定要確實相交。選取要修剪圖素時，以圖素的中點為界，選取要延伸修齊的一端），顯示如圖 6-1-3。

圖 6-1-3

(2) **修整兩個物體**：選取的二個線性圖素都要修剪如圖 6-1-4，也互為邊界。

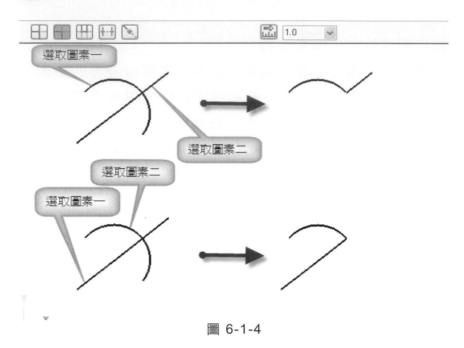

圖 6-1-4

重點：選取要修剪的圖素時，請選取要保留的那一邊。

2. **修整三個物體**：這個功能將前二個選取的圖素修剪延伸到第三個圖素，再以前二個圖素為邊界，修剪或延伸第三個圖素。這種特性對二直線修剪到圓弧的情形非常好用。

操作步驟：以圖 6-1-5 所示

圖 6-1-5

到某一點：這功能會將選取的線性圖素修剪或延伸(曲線無法延伸)到某一指定點。被選取的圖素會被修剪或延伸到點的法線位置。

操作步驟：以 6-1-6 圖所示

圖 6-1-6

3. **多物修整**：以一個線性圖素(直線、圓弧或曲線)為邊界，一次修整延伸多個線性圖素。

操作步驟：以圖 6-1-7 為例

(1) 請選取要修整的曲線：選取圖素後，選取[執行]。

(2) 請選擇修整邊界線：選取圖素。

(3) 請選擇修整保留的方向：點取位置。

圖 6-1-7

4.　**回復全圓**：這功能可將一弧變更為圓。將弧經由回復全圓產生的圓，圓的端點是在原來弧的起點位置如圖 6-1-8。這種情形在對圓作修剪延伸時要注意。

圖 6-1-8

5. **分割物體**：以一個或二個線性圖素(直線、圓弧或曲線)作為邊界，將某一直線或圓弧位於二邊界內的部分清除。

操作步驟：以下圖 6-1-9 為例

(1) 請選擇要分割的直線或圓弧：選取圖素一。

圖 6-1-9

6-2 打斷

選取主功能表上的[**修整/打斷**]→[**打斷**]選項，進入"打斷"功能表如圖 6-2-1。這裡面提供的功能可以將直線、圓弧、和曲線打斷為二個(含)以上的圖素，將尺寸標註、註解文字或剖面打斷為線性圖素。在本節將介紹這些功能。

圖 6-2-1

1. **打成兩段**：在一指定點上將一直線、圓弧或曲線打斷為二個圖素。如果輸入的指定點不在圖素上，系統會在被選取圖素尋找最接近的位置來打斷。這功能常用在編輯刀具路徑時，為了刀具行進的路徑需要，須將圖素打成二段時使用，如圖 6-2-2。

操作步驟：以下圖 6-2-3 爲例。

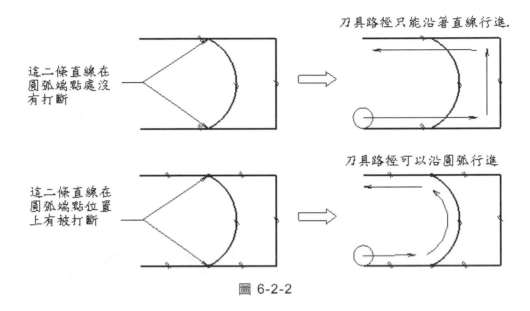

圖 6-2-2

操作步驟：以下圖爲例

(1)　請選擇圖素：在 P1 選取圖素。

(2)　請指定斷點：選取 P2(圖素中點)。

圖 6-2-3

2.　**依指定長度**：依輸入的長度值來打斷一直線、圓弧或曲線。選取要被打斷的圖素時，游標要靠近長度起始的一端。如果輸入的打斷長度值大於被選取圖素的長度，長度輸入欄位會一直停留在提示區，直到輸入一合理長度。

操作步驟：以圖 6-2-4 爲例

(1)　請選取一圖素：在 P1 選取圖素。

(2)　輸入 15(長度值)

圖 6-2-4

3.　**打成若干段**：將一直線、圓弧或曲線打斷成若干直線段如圖 6-2-5。圓弧
　　要被打斷時，可以設定打斷後的圖素是否維持圓弧的型式，如果不維持
　　圓弧型式，會被打斷成直線。

圖 6-2-5

選取[**打成若干段**]選項，提示區要求選取一圖素，如果選取的圖素是曲
線，主功能表顯示如圖左側圖 6-2-6；如果選取的是直線，顯示如圖中間
所示；如果選取的是圓弧，顯示如右側。這些功能說明如下：

圖 6-2-6

選取的圖素是曲線時：

（1）　**依據公差**：誤差就是指弦差圖 6-2-7。依弦差將曲線打成若干直線。
　　　選取[依據公差]選項後，進入如圖 6-2-8 的功能表，提示區也顯示
　　　預設誤差值。選取圖 6-2-8 的[誤差值]選項可以修改誤差值；選取[執
　　　行]，系統將選取的曲線依誤差值打斷成直線。

圖 6-2-7

圖 6-2-8

(2) **依據長度**：可依指定的長度或段數將曲線打斷成直線。選取[依據長度]後，進入如圖 6-2-9 的功能表。選取[指定段數]時，提示區要求輸入要打斷成的段數。選取[指定段長]時，提示區要求輸入直線段的長度。這長度值並不是真正直線段長度，系統以輸入的長度值除以曲線總長度，以求得要打斷的段數而打斷曲線。

選取的圖素是直線時：功能表顯示如圖 6-2-9

圖 6-2-9

(1) **依指定段數**：提示區要求輸入要打斷成的段數。
(2) **依指定段長**：提示區要求輸入打斷長度。這長度值並不是真正的打斷長度，系統以輸入的長度值除以直線總長度，以求得要打斷的段數而來打斷直線。

選取的圖素是圓弧時：功能表顯示如圖 6-2-10

選擇要打斷/延伸的圖素　刪除　保留　隱藏

圖 6-2-10

(1) **依指定段數**：提示區要求輸入要打斷成的段數。

(2) **依指定段長**：提示區要求輸入打斷長度。這長度值並不是真正的打斷長度，系統以輸入的長度值除以圓弧總長度，以求得要打斷的段數。

(3) **保留圓弧**：設定打斷後的圓弧是否維持圓弧的型式，如果不維持圓弧型式，會被打斷成直線。

4. **在交點處**：這功能能讓線性圖素(直線、圓弧和曲線)和其它線性圖素在交點位置互相打斷如圖 6-2-11，將 6 條直線以交點打斷成 24 條直線。

圖 6-2-11

5. **曲線變弧**：將 2D 曲線打斷為弧和直線。這功能不適用於 3D 曲線或不是位於目前構圖面的 2D 曲線。進入這選項後，在主功能表的抬頭區要求選取要打斷的曲線；選取曲線後，主功能表顯示如圖 6-2-12，供使用者決定要如何打斷曲線。

圖 6-2-12

(1) **誤差值**：設定將曲線打為弧和直線時的弦差。

(2) **處理方式**：設定曲線打斷弧和直線後，原來曲線的處置方式，這裡有三種方式：曲線被刪除，代表保留，表示曲線被隱藏。

(3) **執行**：依[誤差值]和[處理方式]的設定，將曲線打斷成弧和直線。

6. **註解文字**：可以將[尺寸標註]所產生的註解文字和標註尺寸打斷為直線和/或 Nurbs 曲線。

6-3　連接

這功能可以將共線的二條直線連接成一條直線、或是將同圓心和同半徑的二弧連接成一弧、或是將原來由一條曲線所打斷成的二條曲線連接成一條曲線。

操作步驟：(以圖 6-3-1 為例)

(1) 在主功能表選取[編輯]→[連接圖素](如圖 6-3-1)。

(2) 請選取圖素一。

(3) 請選擇另一條線選取圖素二。

圖 6-3-1

6-4 修改曲線

　　這功能可以調整 NURBS 曲線和 NURBS 曲面的控制點位置以改變曲線或曲面的形狀。在土功能表上選取[編輯]→[修改曲線]，提示區要求選取一 NURBS 曲線或曲面，當選取一曲線或曲面，系統會將被選取圖素的控制點顯示出來，並且提示區要求選取一個控制點.一旦選取一控制點，主功能表顯示如圖 6-4-1。這裡面的功能說明如下：

圖 6-4-1

1. **動態編修**：讓使用者以拖拉方式移動控制點到新位置。一旦爲控制點輸入起始點後，就不能放棄這功能了。

2. **座標位置**：爲選取的控制點以"抓點方式"功能表直接輸入新的位置。"抓點方式"功能表請參閱第 2 章。

3. **重量拉力**：這選項只有在被選取的曲線是有理基的(rational basis) Nurbs 曲線或曲面時才會顯示。那些是有理基的 Nurbs 曲線和曲面？ Nurbs 的橢圓、以圓弧轉換成 Nurbs 的曲線、曲線形成旋轉曲面轉換成 Nurbs 的曲面。有理基曲線和曲面的數學理論有一加權值參數(Weight)，可以讓控制點對曲線或曲面的產生不同比例的拉力，較高的加權值將曲線拉近控制點，較低的值將曲線或曲面推離控制點。這一加權值 Mastercam 翻譯爲"重量拉力"，所以這[重量拉力]可以讓使用者以修改控制點的拉力值來改變曲線或曲面的形狀。

註：將圖素轉換爲 Nurbs 請參閱本章 6-5 節。

以[動態編修]改變曲線形狀

操作步驟：(以圖 6-4-2 爲例)

(1) 在主功能表選取[編輯]→[修改曲線]。

(2) 請選取 Nurbs 曲線或曲面：選取曲線。

(3) 請選擇一個控制點：移動控制點。

(4) 請選擇一個控制點：移動控制點。

圖 6-4-2

以[重量拉力]改變曲線形狀

操作步驟：(以圖 6-4-3 為例,曲線是由圓轉換為 Nurbs 曲線)

(1) 在主功能表選取[編輯]→[修改曲線]。

(2) 請選取 Nurbs 曲線或曲面：選取圓。

(3) 請選擇一個控制點：移動控制點。

圖 6-4-3

6-5 轉成 NURBS

　　這個功能可將直線、圓弧、參數式曲線和曲面轉換為 Nurbs 格式，以供使用者以調整控制點的方式來調整外形。

操作步驟：

(1) 在主功能表選取[編輯]→[轉成 NURBS]。

(2) 在主功能表的抬頭區提示選取要轉換成 Nurbs 的直線、圓弧、曲線或曲面；請選取要轉換的圖素後，選取[執行]。

(3) 圖 6-5-1 為圓的屬性。

(4) 轉換後圖素為圖 6-5-2 曲線的屬性。

圖 6-5-1

圖 6-5-2

6-6　延伸

這個功能可將直線、弧、曲線和曲面延伸或修剪(曲面除外)一距離。當從主功能表上選取[編輯]→[修整\打斷\延伸]，功能表顯示如圖 6-6-1；說明如下：

圖 6-6-1

1. **指定長度**：輸入要延伸或修剪的距離。輸入正值時圖素會延伸；輸入負值時圖素會被修剪。選取圖素時請靠近要延伸或修剪的一端。

   操作步驟：(以圖 6-6-2 為例)

   (1) 在主功能表選取[編輯]→[修整\打斷\延伸]。

   (2) 選取紅色圈起來的地方[指定長度]選項。

   (3) 請輸入延伸量：輸入 15 或-15。

   (4) 請指定曲線要延伸的一端：在 P1 選取圖素。

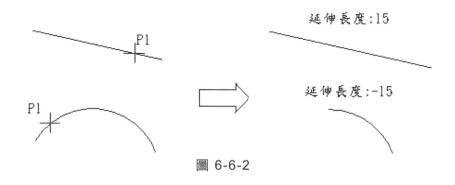

圖 6-6-2

6-7　拖曳移位

　　[拖曳移位]功能可以快速和動態的在繪圖區以平移、旋轉和平移方式移動圖素，常用於零件類的排列。從主功能表選取[轉換]→[拖曳]後，在主功能表的抬頭區要求選取要拖曳移位的圖素；圖素選取後，顯示"拖曳位移"對話窗(如圖 6-7-1)。對話窗中的參數說明如下：

移動　複製　　　　平移　旋轉

圖 6-7-1

操作：設定是否要保留被選取的圖素。

1. **移動**：原來被選取的圖會被刪除。

2. **複製**：原來被選取的圖會保留。

轉換方式：設定圖素是要以**平移**、**旋轉**的方式移動。

I. **平移**：以滑鼠輸入二點方式(第 1 點為基準點，第 2 點是終止點)移動圖素到新位置。

圖 6-7-2

(1) **X 軸**：設定微調平移的方向，按一下[X]鍵，微調方向會切換為 X 軸。

(2) **Y 軸**：設定微調平移的方向，按一下[Y]鍵，微調方向會切換為 Y 軸。

6-8　曲線變弧

這功能可以將圓弧狀的曲線轉換為圓弧。外來圖檔轉進來 Mastercam 時，圓弧可能是以曲線表現，就可用這指令將這些圓弧狀曲線轉為圓弧。

操作步驟：

1. 在主功能表上選取[編輯]→[曲線簡化成圓弧]，主功能表的抬頭區要求選取曲線；請選取要轉為圓弧的曲線或是選取所有的曲線也可以。曲線選取後，選取[執行]。

2. 主功能表出現如圖 6-8-1。這裡面的功能說明如下：

圖 6-8-1

(1) **選取曲線**：重新選取曲線。選取這選項後，系統會放棄先前選取的曲線，回到選取圖素功能表要求選取曲線。

(2) **誤差值**：設定轉換為圓弧時容許的誤差。

(3) **處理方式**：這是切換選項，設定曲線轉換為圓弧後，曲線的處理方式。每次以游標選取這選項，右邊的會輪流顯示。曲線會被刪除(Delete)；曲線被保留；會被隱藏(Blank)。

(4) **執行**：將以上三個選項設定好之後，選取這選項，系統即進行將曲線轉換為圓弧的計算。

6-9 繪圖練習

 操 作 步 驟

步驟 1 開啓新檔

1. 選取[回主功能表]鈕→[檔案]→[開啓新檔]。
2. 打開（F9）顯示原點座標。

步驟 2　畫矩形

1.	建立矩形的外形
2.	在矩形設定對話窗中，輸入矩形寬度 96.5、矩形高度 59.5。
3.	基準點設在矩形底邊的右下點
4.	點選原點

步驟 3 畫平行線當矩形基準

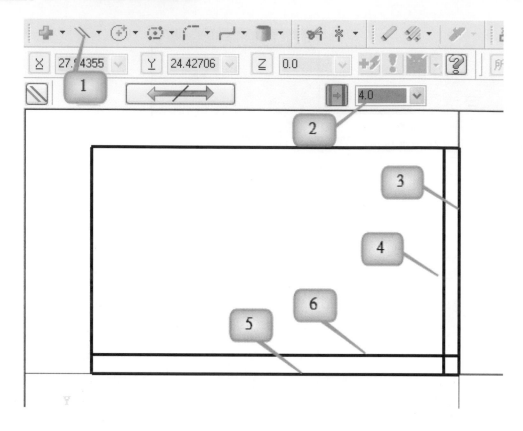

1.	選取平行線
2.	輸入補正距離 4
3.	選取基準線
4.	指定補正方向
5.	選取基準線
6.	輸入補正距離 5 選取補正方向

步驟 4 畫矩形

1.	選取矩形	5.	點選右下位置
2.	點選建矩形的外型	6.	點選原點
3.	建立寬度 64 及高度 48	7.	刪除直線
4.	輸入半徑 10		

步驟 5 畫垂直線及水平線

1.	選取平行線
2.	輸入補正距離 7
3.	點選基準線
4.	指定補正方向
5.	輸入補正距離 40 選取補正方向
6.	輸入補正距離 6 點選基準線
7.	選取補正方向
8.	輸入補正距離 40 選取補正方向
9.	補正距離 40/2 = 20 選取補正方向
10.	輸入補正距離 22/2 = 11 點選基準線 9 選取補正方向
11.	選取補正方向

步驟 6 ｜ 畫垂直線

1.	選取平行線輸入補正距離 20
2.	點選基準線
3.	指定補正方向

步驟 7 畫圓弧

1.	選取切弧	6.	選取保留的圓弧
2.	選取中心線	7.	選擇與圓相切的直線
3.	輸入直徑值 25	8.	指定要讓圓心經過的線
4.	選擇與圓相切的直線	9.	選取保留的圓弧
5.	指定要讓圓心經過的線		

步驟 8 ┃ 導圓角

1.	選取導圓角	4.	選取圖素一及圖素二
2.	輸入圓角半徑值 4	5.	選取刪除
3.	選取圖素一及圖素二	6.	選取直線圖素

步驟 9 修剪

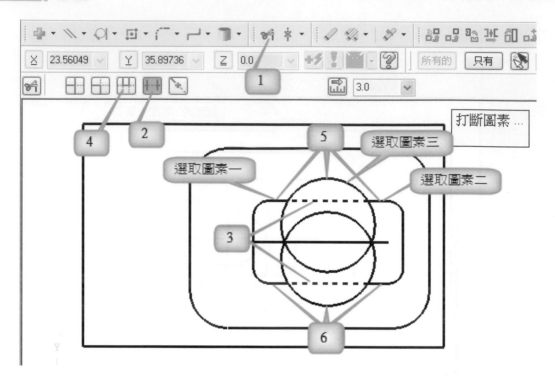

1.	選取修剪
2.	選取分割
3.	選取分割圖素一及圖素二
4.	選取修整三物體
5.	選取圖素一及圖素二及圖素三
6.	選取圖素一及圖素二及圖素三

步驟 10 畫垂直線及水平線

1.	選取平行線
2.	輸入補正距離 8
3.	點選基準線
4.	指定補正方向
5.	輸入補正距離 18 選取補正方向
6.	輸入補正距離 14/2 = 7 點選基準線
7.	選取補正方向
8.	選取補正方向

步驟 11　導圓角

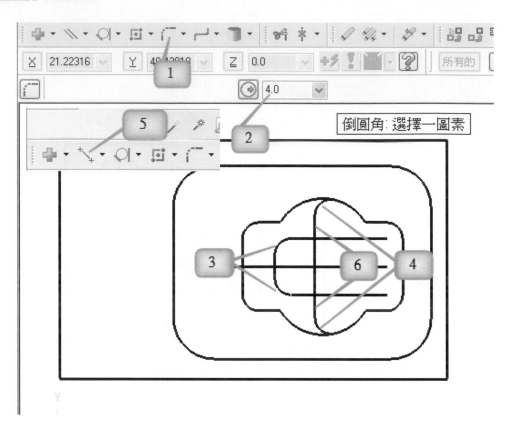

1.	選取導圓角
2.	輸入圓角半徑值 4
3.	選取圖素一及圖素二
4.	選取圖素一及圖素二
5.	選取直線
6.	選取端點連接直線圖素

步驟 12 畫垂直線及水平線

1.	選取平行線
2.	輸入補正距離 8
3.	點選基準線
4.	指定補正方向
5.	輸入補正距離 11 選取補正方向
6.	輸入補正距離 6 點選基準線 5 選取補正方向
7.	輸入補正距離 10 點選基準線
8.	選取補正方向
9.	輸入補正距離 40 選取補正方向
10.	輸入補正距離 10 點選基準線 9 選取補正方向

步驟 13 畫線及導圓角

1.	選取任意兩點畫線
2.	點選交點
3.	點選交點
4.	選取導圓角
5.	輸入圓角半徑 1
6.	點選導圓角
7.	輸入圓角半徑 4 點選導圓角

步驟 14 修剪及刪除

1.	選取修剪
2.	點選修剪兩物體
3.	選取圖素一及圖素二
4.	選取刪除
5.	刪除直線圖素

步驟 15 畫水平線及導圓角

1.	選取平行線
2.	輸入補正距離 16
3.	點選基準線
4.	指定補正方向
5.	選取導圓角
6.	輸入圓角半徑 4
7.	點選不修剪
8.	選取圖素一及圖素二

步驟 16　存檔

1.	選取檔案
2.	另存新檔
3.	輸入檔名
4.	按確定

6-10 習題

圖 6-10-1

圖 6-10-2

圖 6-10-3

圖 6-10-4

圖 6-10-5

圖 6-10-6

圖 6-10-7

圖 6-10-8

圖 6-10-9

轉換

學習目標

1. 了解圖素旋轉的方法

2. 了解圖素移動、鏡射的技巧

3. 了解單體補正和串連補正的差異

7-1　鏡射

這個功能可以由被選取圖素相對於一軸(可以是 X 軸、Y 軸、一直線或兩點)產生相對稱的圖素；使用者可以對所有的圖素和尺寸標註作鏡射，當選取的圖素包含尺寸標註的註解文字或標籤(就是註解文字加引導線)時，可以設定文字是否要鏡射以必免文字上下顛倒。

操作步驟：以圖 7-1-1 為例

圖 7-1-1

1. 從主功能表上選取[轉換]→[鏡射]。主功能表上出現選取圖素功能表。

2. 使用者可以用[串連]、[窗選]或[區域]等功能選取圖素,但在這裡以[串連]來選取圖素。選取[串連]，進入串連功能表；主功能表抬頭區要求選取串連物 1,提示區顯示的串連方式應該是"自動全部"。移動游標在 P1 位置選取圖素，類似三角形應該會反白，表示這封閉的圖形都被選取。

3. 抬頭區要求選取串連物 2；由於沒有其它圖素要被鏡射，所以請選取主功能表上的[執行]。回到選取圖素功能表，不要再選取圖素了，所以也選取[執行]。

4. 抬頭區要求選取參考軸，而且主功能表顯示如圖 7-1-2。這些選項說明如下：

   (1) **X 軸**：被選取圖素對 X 軸作鏡射。

   (2) **Y 軸**：被選取圖素對 Y 軸作鏡射。

(3) **任意線**：會要求在繪圖區選取一直線作為鏡射參考軸。

(4) **兩點**：會要求在繪圖區輸入二點位置作為鏡射參考軸。

圖 7-1-2

5. 請選取[任意線]選項，移動游標到 P2 位置選取直線。(如果要以任意線作為參考軸，可以不用先選取[任意線]選項，直接在繪圖區選取直線就可以)

(1) **移動**：將被選取的圖素移到新位置。

(2) **複製**：複製被選取的圖素到新位置並保留原來被選取的圖素。

(3) **連接**：複製被選取的圖素到新位置並保留原來被選取的圖素以外，Mastercam 會在原來圖素和新圖素之間的端點產生直線(平移、鏡射時產生直線；用於旋轉時產生圓弧)。這選項常用於畫 3D 線架構圖形時使用。

(4) **使用構圖屬性**：這檢查項目有打勾時，新產生的圖素以第二功能表的[屬性]的設定來顯示。如未打勾則以被選取圖素的屬性作為新圖素的屬性。

(5) **鏡射標籤和註解文字**：當選取的圖素包含尺寸標註的註解文字或標籤時，這檢查項目會開啟，以供使用者決定是否要將標籤和註解文字鏡射以必免文字上下顛倒。這檢查項目沒有打勾時，註解文字會移動或複製，但不會上下顛倒(如圖 7-1-3 的左圖),如果有打勾時，則不考慮文字是否會顛倒而作鏡射(如圖 7-1-3 的右圖)。

註：標籤和註解文字都是由尺寸標註產生的圖素。

圖 7-1-3

6. 在鏡射對話窗中選取[複製](如圖 7-1-2)後，選取[完成]鈕結束對話窗的設定。

7. 在繪圖區即產生鏡射新圖素。原來被選取的圖素以紅色新圖素則以粉紅色顯示。

7-2 旋轉

　　旋轉這功能可以將選取的圖素繞著一點旋轉一角度來移動或複製圖素。角度值是正值時圖素朝逆時針方向旋轉；負值時朝順時針旋轉。

操作步驟：以圖 7-2-1 為例

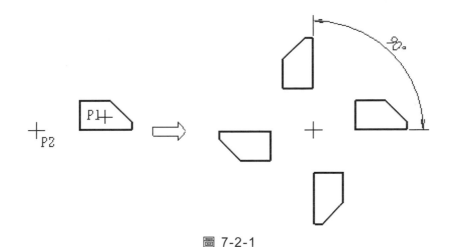

圖 7-2-1

1. 從主功能表上選取[轉換]→[旋轉]。主功能表上出現選取圖素功能表。

2. 使用者可以用[串連]、[窗選]或[區域]等功能選取圖素，但這裡示範以[區域]來選取圖素。選取[區域]，移動游標在 P1 位置(在要選取圖素的內部)按下滑鼠左鍵，類矩形應該會反白，表示這封閉的圖形已被選取。選取[執行]，結束區域的選取。再選取[執行]，結束選取功能表。

3. 提示區要求指定旋轉的基準點：選取 P2 位置。

4. 出現旋轉對話窗，請將操作方式選取[複製]，旋轉次數輸入 3，旋轉角度輸入 90 度(如圖 7-2-2)。選取[完成]鈕，結束對話窗的設定。

5. 在繪圖區即產生鏡射新圖素。原來被選取的圖素以紅色新圖素則以粉紅色顯示。

6. 換向是只有時旋轉的角度剛好相反時可以利用換向來改變旋轉方向，也可以用來兩邊同時旋轉來產生圖素。

圖 7-2-2

7-3　比例縮放

　　[比例縮放]這功能可以將圖形以某一基準點作縮小放大。比例縮放分為二種方式：三軸等比例縮放和三軸不等比例縮放(如圖 7-3-1)。基準點的選取影響圖形縮放的位置。圖 7-3-2 顯示不同的基準點產生不同的結果。

圖 7-3-1

圖 7-3-2

等比例縮放的操作步驟：(以圖 7-3-1 左圖為例)

1.　在主功能表上選取[轉換]→[比例縮放]。

2.　在主功能表抬頭區要求選取要縮放的圖素：在 P1 位置選取小圓後，選取[執行]選項，結束圖素的選取。

3.　提示區要求指定縮放的基準點：選取圓心點 P2。

4. 系統開啟比例縮放對話窗，操作方式請選取[複製]，縮放方式請選擇[等比例]，縮放次數請輸入 1 次，縮放之比例請輸入 2 (如圖 7-3-3)。選取[完成]鈕，結束對話窗的設定。

圖 7-3-3

5. 在繪圖區即產生放 2 倍的新圖素。原來被選取的圖素以紅色顯示、新圖素則以粉紅色顯示。

   不等比例縮放的操作步驟：(以圖 7-3-1 右圖為例)

   (1) 在主功能表上選取[轉換]→[比例縮放]。

   (2) 在主功能表抬頭區要求選取要縮放的圖素：在 P1 位置選取小圓後，選取[執行]選項，結束圖素的選取。

   (3) 提示區要求指定縮放的基準點：選取圓心點 P2。

(4) 系統開啓比例縮放對話窗，操作方式請選取[複製]，縮放方式請選擇[不等比例]，縮放次數請輸入 1 次，X 和 Z 方向比例請設定爲 1，Y 方向比例請輸入 2 (如圖 7-3-4)。選取[完成]鈕，結束對話窗的設定。

圖 7-3-4

(5) 在繪圖區即產生放 2 倍的新圖素。原來被選取的圖素以紅色顯示、新圖素則以粉紅色顯示。

7-4 投影

壓 扁 這 功 能 在 Mastercam X 版 之 前 的 版 本 原 來 是 放 在

C-Hooks(squash.dll)，經過修改後放到轉換功能表。它可以將空間中的點、直線、圓弧和曲線投影到目前系統的構圖面，並且可以指定新圖素的 Z 軸位置(如圖 7-4-1，上面的立體圖朝構面面俯視圖壓平(投影))。而且它有個好處，可以自動刪除重覆圖素。在執行壓平時的構圖面就是壓平(投影)方向，所以執行這指令時要注意構圖面。

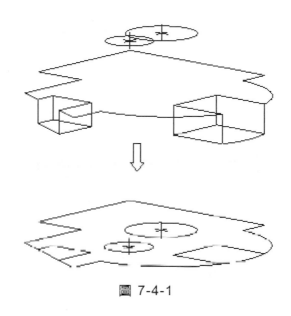

圖 7-4-1

操作步驟：

1. 選取[轉換]→[投影]。

2. 選取要壓平的圖素(只能選取線架構圖素)後，選取[執行]選項。

3. 系統開啓壓平對話窗(如圖 7-4-2)，內容說明如下：

   (1) **操作方式**：請參閱本章第 7-1 節操作步驟 6。

   (2) **使用構圖屬性**：參閱本章第 7-1 節操作步驟 6。

   (3) **構圖深度**：這檢查項目有打勾時，右邊的深度欄位會關閉。而以系統構圖面的 Z 軸位置(第二功能表的 Z:選項)作為新圖素產生的位置。

   (4) **深度**：左邊的[構圖深度]沒有打勾時，使用者可以用這深度欄位來設定壓平後圖素的 Z 軸位置(絕對座標)。

4. 將對話窗內的參數設定好之後，選取[完成]鈕即可產生壓平圖素。

圖 7-4-2

🧩 7-5 平移

　　平移這功能可以將被選取的圖素移動或複製到一新位置,基本上產生的新圖素和原來選取圖素的方向、尺寸或形狀會完全一樣,只是位置不同。使用者也可以用這指令的[兩視角間]功能將空間中歪斜放置的 3D 圖形擺正,不需要以多次旋轉方式來擺正圖形。

操作步驟：

1. 選取[轉換]→[平移]。

2. 選取要平移的圖素後，選取[執行]選項以結束圖素的選取。

3. 主功能表上出現平移方向功能表(如圖 7-5-1)供使用者設定要以那一種
方式來設定移動方向或距離。這些選項說明如下：

圖 7-5-1　　　　　　　　　　　　圖 7-5-2

(1) **直角座標**：以輸入 XYZ 三軸方向的移動距離來移動或複製圖素。
以圖 7-5-3 左圖為例，P1 圓要朝 X 方向 30，Y 方向 15 來移動。選
取[直角座標]選項後，提示區要求輸入平移向量，請輸入(30,15)或
(X30Y15)(如圖 7-5-2)。

(2) **極座標**：以輸入角度和距離來移動或複製圖素(如圖 7-5-3 的中間
圖)。

圖 7-5-3

(3) **兩點間**：以輸入圖素平移的起點和終點位置來移動圖素(如圖 7-5-3 的右圖)。

(4) **3D 平移**：將圖素從一構圖面移到另一構圖面。

4. 將上述平移方向設定好之後，系統開啟平移對話窗(如圖 7-5-4)，對話窗設定好之後，選取[完成]鈕，結束對話窗的設定，即可產生平移圖素。

圖 7-5-4

7-6　補正

　　補正功能會以被選取圖素的法線方向和一補正距離來產生與被選取圖素等距的圖素(如圖 7-6-1)。適用的圖素有直線、圓弧和曲線。

圖 7-6-1

操作步驟：

1. 選取[轉換] ▸[補正]。
2. 系統開啓補正對話視窗(如圖 7-6-2)。
3. 設定操作方式：**移動**或**複製**。

圖 7-6-2

4.　輸入**次數**和**補正距離**後，選取圖素。

5.　在繪圖區選取一直線、圓弧或曲線(如圖 7-6-1 所示的 P1)。

6.　在選取圖素的一側按下滑鼠左鍵(如圖 7-6-1 所示的 P2)以指示補正方向。即產生補正圖素。

補充說明：

1.　補正距離可以輸入正值或負值。輸入負值時，新圖素產生的位置和補正方向相反，也可以用換向功能代替。

2.　由於曲線的數學架構，Mastercam 無法直接對曲線作補正運算並且維持它的三次式架構。所以 Mastercam 先將選取的曲線以曲線打成線段之容差的值打斷成許多直線，然後補正修剪這些直線，再產生經過直線端點的曲線作為補正曲線。

3.　有折角的 3D 曲線作補正打成線段的過程中，直線間常有間隙產生。**最大深度差**決定 Mastercam 如何連接間隙。最大深度差的預設值是 0.005，如果補正後曲線的轉折太明顯，將最大深度差設大一點，可以改善。

7-7　串連補正

　　單體補正只能一個一個地選取圖素作補正，如果二個相鄰且形成折角的圖素單體補正之後，可能還必須修剪延伸(如圖 7-7-1)。本節介紹的串連補正經由串連圖素的選取，可以一次完成外形輪廓的補正，甚至還可以控制補正外形產生的 Z 軸位置，以上下二輪廓來形成有錐度角的立體線架構(如圖 7-7-2)。

單體補正　　　　　　串連補正

圖 7-7-1

圖 7-7-2

操作步驟：以圖 7-7-3 為例

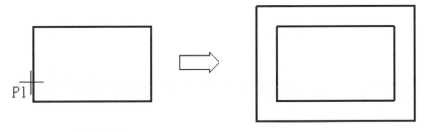

圖 7-7-3

1. 從主功能表選取[轉換]→[串連補正]。
2. 系統開啟串連補正對話窗，請將對話內容設定如圖 7-7-4。這裡的參數說明如下：
   (1) **操作**：有二種方式—**移動**或**複製**。
       (a)**移動**：刪除被選取的圖素，產生新的補正圖素。
       (b)**複製**：產生新補正圖素，也不刪除被選取圖素。
   (2) **次數＃**：設定要執行幾次補正。
   (3) **轉角之設定**：二相鄰圖素相接點的切線角度不同時，這相接點稱為**轉角**。而有轉角的圖形朝外補正時，二相鄰圖素間會有間隙。這[**轉角之設定**]是設定這間隙如何處理。
       註：補正方向朝內時，在轉角處二相鄰圖素互相修剪。

圖 7-7-4

(a) **無**：朝外補正時，在轉角處二相鄰圖素互相修剪延伸。(如圖 7-7-6)

圖 7-7-5　　　　　　　　　　　　　　　圖 7-7-6

(b) **尖角**：二相鄰圖素形成小於或等於 135 度時，在轉角產生一切弧以連接相鄰圖素(可稱為產生圓角)。而大於 135 度時，不產生圓角，二相鄰圖素互相修剪。(如圖 7-7-7)

圖 7-7-7

(c) **全部**：在所有的轉角產生切弧。

(4) **補正**：設定補正方向。補正方向是以串連方向的左邊或右邊來區分，請在這裡設定換向是要左補正或右補正，並輸入補正距離。

(5) **補正深度**：設定在 Z 軸方向的補正距離，可以輸入正值、負值或 0。補正深度會因**絕對座標**和**增量座標**的選擇而有不同的意義也會產生不同結果：

(a) **絕對座標**：選取絕對座標時，補正深度值作為補正圖素產生的 Z 軸位置。系統會忽略被選取圖素深度方面的變化，它的計算程序就像先將 3D 曲線壓平後，作左或右補正計算再將補正後圖素

移到補正深度值所設的 Z 軸座標。所以它會產生一 2D 補正外形，即使串連圖素是 3D 曲線。(如圖 7-7-8)

圖 7-7-8

(b) **增量座標**：選取**增量座標**時，串連外形除了依補正距離往 XY 方向補正外，還會往**補正深度**所設定的作 Z 軸方向補正。補正深度是正值時，往圖素的正 Z 方向作補正；補正深度是負值時，則往圖素的負 Z 方向。(如圖 7-7-9)

圖 7-7-9

(6) **曲線打成線段之容差**：請參閱 7-6 節單體補正的補充說明。

(7) **最大深度差**：請參閱 7-6 節單體補正的補充說明。

(8) **角度**：這參數只適用於 2D 串連外形。當對 2D 串連外形有作深度方向的補正時，使用者可以輸入角度值來設定 XY 方向的補正距離。角度、補正距離和補正深度三者之間的關係如圖 7-7-10。

圖 7-7-10

3.　選取對話窗的[完成]鈕，即產生補正圖素(如圖 7-7-11)

俯視圖　　　　　　　等角視圖

圖 7-7-11

7-8　習題

圖 7-8-1

圖 7-8-2

圖 7-8-3

圖 7-8-4

圖 7-8-5

圖 7-8-6

圖 7-8-7

圖 7-8-8

圖 7-8-9

圖 7-8-10

圖 7-8-11

圖 7-8-12

圖 7-8-13

圖 7-8-14

未標示之圓角皆為R5

圖 7-8-15

圖 7-8-16

圖形檢查

8-1　簡介

　　在繪圖當中或完成後，我們必須作圖面檢查以確保圖形尺寸的正確，否則要是以錯誤的圖形來作加工，損失的可不只是時間而已。所以圖形畫好之後一定要作檢查，不要因小失大。

　　在 Mastercam 檢查圖形的方法可以使用尺寸標註，將圖形作尺寸標註；或是使用分析的功能來分析點和點之間距離、線長、角度、直徑等等。本節將介紹 Mastercam 分析的功能。

8-2　分析功能

　　以圖 8-2-1 為例說明分析的功能。請從教學光碟的\範例圖檔\第 8 章中讀取檔名為[旋轉]的圖檔。

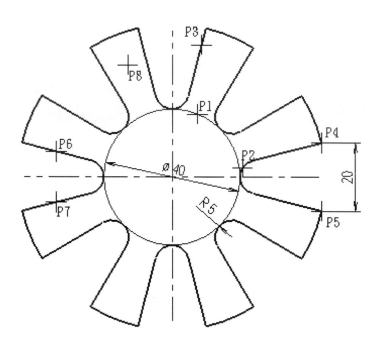

圖 8-2-1

從主功能表選取[分析]選項，主功能表顯示分析功能表(如圖 8-2-2)
說明如下：

圖 8-2-2

　　在分析功能表中，如果只要檢查某　圖素，不用選取功能表內的功能，直接在繪圖區選取圖素就可以。例如，在圖 8-2-1 選取 P1 位置的圓，提示區顯示這圓的有關資料(如圖 8-2-2)，主功能表也顯示如圖 8-2-3。

圖 8-2-3

1. **編輯資料**：如果想修改剛剛選取的 P1 圓的尺寸、位置或屬性，出現分析對話窗(如圖 8-2-4)；對話窗也是顯示 P1 圓的有關資料，只不過使用者可以修改這些數據和屬性。例如：將直徑：40 改為 30，選取[完成]鈕。繪圖區的 P1 圓會改為直徑 30 的圓。

2. **僅某圖素**：如果圖形非常複雜，怕選錯圖素的話，這選項供使用者指定圖素的型式來選取要分析的圖素。

3. **所有圖素**：解除僅某圖素所設的限制，可以選取任一圖素來分析。

4. **圖素編號**：以輸入圖素的編號來選取要分析的圖素。依圖素繪製的順序，Mastercam 賦予每個圖素一個編號。

圖 8-2-4

按[Esc]鍵或選取[上層功能表]，回到分析功能表。

在分析功能表中的選項說明如下：

1. **點座標**：顯示某一指定點的座標。如圖 8-2-1 選取 P4 位置上的端點，提示區如圖 8-2-5 顯示端點座標。

圖 8-2-5

2. **兩點間距**：分析二點之間的距離。

操作步驟：(以圖 8-2-1 為例)

(1) 選取[分析]→[兩點間距]。

(2) 請指定第一點：選取 P4 端點。

(3) 選取 P5 端點。

(4) 在提示區顯示二點距離如圖 8-2-7。

圖 8-2-7

3. **兩線角度**：顯示二直線間的角度。

操作步驟：(以圖 8-2-1 為例)

(1) 選取[分析]→[分析角度]。

(2) 請選擇第一條線：選取 P6 圖素。

(3) 請選擇第二條線：選取 P7 圖素(如下圖)。

(4) 在提示區顯示二線角度如圖 8-2-8。

4. **動態分析**：這功能較常用於分析曲面半徑及拔模角。

5. **圖素編號**：以輸入圖素的編號來選取要分析的圖素。依圖素繪製的順序，Mastercam 會賦予每個圖素一個編號。

圖 8-2-8

6. **串連物體**：初學者最常碰到無法將圖素正確的串連選取。佔大部的原因是圖形有問題。要用來產生刀具路徑或建立曲面的線架構圖形中，最好沒有重複圖素、兩相鄰圖素共同端點要相接、沒有長度小於串連公差的短圖素、兩圖素相交處一定要打斷等等。這功能可以找出圖素的問題點(如短圖素、圖素重疊、部分重疊或沒有打斷等等)。將以下步驟來說明這[串連物體]的功能。

(1) 請從教學中的\範例圖檔\第 8 章中讀取檔名為[問題圖檔]的圖檔。

(2) 讀者會發現無法一次串連起來，用**區域**選圖素根本無法選取圖素，而且光用放大目視根本看不出問題出在那裡。下面是檢查的步驟：

(3) 選取[回主功能表]→[分析]→[分析串連物體]→[**窗選**]。

(4) 請指定視窗的第一個角：選取 P1 位置(窗選模式：矩形、視窗內)。(如圖 8-2-9)

圖 8-2-9

(5) 請指定視窗的第二個角：選取 P2 位置。

(6) 輸入串連起始點：選取 P3 位置。

(7) 選取[執行]。

(8) 顯示[分析串連圖素]對話窗，請先將對話窗內容設定如圖 8-2-10，裡面的功能說明如下：

圖 8-2-10

a. **重疊圖素**：[**顯示**]有打勾時，系統會尋找重疊圖素；沒有打勾則不尋找。尋找重疊圖素分二種模式：一是[快速]；另一是[精確]。請儘量選取[精確]。找到重疊圖素時，會在重疊圖素上顯示一紅色小圓。

b. **方向反轉的圖素**：[**顯示**]有打勾時，會檢查相鄰圖素之間的切線向量變化。當切線向量變化大於[最小角度]值時會在轉角處顯示一個黃色點。**筆者常將[最小角度]設為 0.1 度，借以檢查圖素之間是否平滑。**

c. **短圖素**：[**顯示**]有打勾時，會檢查長度小於[最大長度]值的圖素。如有圖素長度小於[最大長度]值時，在短圖素會顯示**藍色小圓**。這功能常用於找出長度小於串連公差值的短圖素。

d. **在每個串連起始處顯示箭頭**：會在每個串連起點顯示箭頭。這樣可以看出圖素之間那裡有間隙。

e. **在問題的地方產生記號**：會在有重疊圖素上產生一**紅色小圓**；在方向反轉的位置產生黃色存在點。

(9) 對話窗設定好之後，選取[完成]鈕。

(10) 在提示區報告檢查結果及畫面如圖 8-2-11 和圖 8-2-12。

圖 8-2-11　　　　　　　　　　　圖 8-2-12

(11) 按下[Enter]鍵，離開[串連物體]功能。

(12) 使用者可根據標示的記號，以刪除指令來刪除重疊的圖素或短圖素；以修整指令來修整有間隙的圖素。

9
CH

刀具參數

學習目標

1. 了解 Mastercam 產生 NC
程式的流程

2. 了解工作設定的功能

3. 了解刀具參數的設定

🧩 9-1　簡介

　　前面幾個章節介紹了 2D 線架構繪圖功能，讀者應具備了 2D 繪圖能力；而使用 Mastercam 最主要的目的，是從圖形產生 NC 加工程式。本書將從這一章起介紹如何在 2D 圖形產生 CNC 加工中心機(或銑床)所需要的 NC 程式及相關的功能。

　　從上面的流程圖知道，從圖形產生刀具路徑後，可以直接產生 NC 程式；也可以先產生 NCI 檔後，再產生 NC 程式。在 Mastercam 7 版之前，刀具路徑以文字檔的形式記錄在 NCI 檔；再將 NCI 檔經後處理轉成 NC 程式。在 Mastercam 8 版之後，刀具路徑不再以文字檔的形式儲存在 NCI 檔，而是以二進位的形式與圖形一起儲存在圖檔中。這樣有二個優點：一是 Mastercam 的運算效率較快，而且只要讀取圖檔，就可以看見刀具路徑。二是圖形與刀具路徑有關聯，只要圖形或加工參數有變更，馬上可以產生新的刀具路徑，不需要重新設定。

　　使用者要產生 NCI 檔也可以，畢竟它是歷史悠久的產物，習慣於舊版操作方式的使用者仍然可以用 NCI 檔產生 NC 程式。

　　本章之後將介紹 Mastercam X4 版提供的銑床加工功能如下所列：

1. **外形銑削**：沿 2D 線架構外形輪廓或 3D 曲線產生刀具路徑。將在第 10 章介紹。

2. **挖槽**：在 2D 封閉或非封閉式外形輪廓所圍的面積內作平面加工。在第 11 章介紹。

3. **鑽孔**：由圖面上的存在點或圓產生鑽孔程式。將在第 12 章介紹。

4. **全圓路徑**：可由一圓產生適合圓孔加工的刀具路徑。在第 13 章介紹。
5. **路徑轉換**：可以刀具路徑作平移、旋轉或鏡射的處理。在第 14 章介紹。

9-2　準備工作

一、決定程式原點

　　在編製刀具路徑之前，首先要決定 NC 程式的原點(0,0,0)位置，如果沒有特別的設定(如設定 WCS)，基本上 Mastercam 的原點(0,0)就是程式原點位置。原點位置必須設定在 CNC 操作人員容易量測的地方，如：圓孔中心、矩形的角落、矩形的中心等等。如果圖形的原點位置不適合做 NC 程式的原點，請移動圖形(如圖 9-2-1)。(其實 Mastercam 可以讓使用者自設 NC 程式的原點，不見得一定要移動圖形，為了讓初學者對圖形原點和機台工件原點之間有較深的了解，才作這樣的要求)

圖 9-2-1

二、機器型式設定

從主功能表選取[機器型式]→[銑床]。機器群組屬性對話窗(如圖 9-2-2)，這裡面可以設定後處理及刀具庫、操作資料庫、操作預設值。而這些內容說明如下：

圖 9-2-2

1. **後處理**：後處理器的功用是將刀具路徑轉換成 CNC 控制器使用的 NC 控制碼。不同廠牌的控制器所使用的 NC 控制碼可能不盡相同。Mastercam 內建了八十幾種後處理器，在台灣最常用的是 Mpfan.pst，適用於 FANUC 和三菱系列的控制器。Mastercam 預設後處理器也是 Mpfan.pst。如果使用其它廠牌的控制器如：OKUMA(日本)、Heidenhain(德國)、Siemens(德國)等等，請選取其適用的後處理器。

2. **刀具庫**：可在這裡先選取之前所建構的刀具庫滙入。

3. **操作資料庫**：可在這裡先選取之前所建構的操作步驟，滙入進來可簡化操作流程。

4. **操作預設值**：原預設值不見得符合每個使用者需求或習慣，我們可以自訂工作設定的預設值。

    (1) **依序指定刀具號碼**：有打勾時，會為新建立或從刀具庫選取的刀具依序(從 1 開始)賦予刀具號碼。

    (2) **刀號碼重複時顯示警告訊息**：如果二個以上刀具有同一個刀具號碼，這參數會提出警告。

    (3) **使用刀具的步進量、冷卻液等資料**：有打勾時，會將隨著刀具記錄的切削量、精修量和冷卻液等等資料載入刀具參數和加工參數中。

    (4) **輸入刀號後，自動由刀具庫取刀**：除非 CNC 加工中心的刀庫之刀具是以固定刀具排列，這參數才可以打勾。而且要用這參數的條件是必須先為刀具庫內的刀具編排號碼，才可以在"刀具參數"輸入刀具號碼時找得到刀具。

5. **材質設定**：

    (1) 供設定和顯示要加工素材的大小如圖 9-2-4 所示。

    (2) 在對話窗上半部的 **X、Y、Z** 和**工件原點**等欄位是讓使用者輸入素材的長、寬、高和素材中心點的座標，以設定素材的大小和位置。

    (3) [顯示]有打勾的話，在繪圖區以紅色方盒代表素材。

    (4) 使用者另外可以用[**選擇原點**]鈕到繪圖區選取素材的中心點座標；也可以用[**選取角落**]鈕(在繪圖區選取矩形的二對角位置決定素材的 X、Y 長度)、[**邊界盒**]鈕或[**NCI 範圍**]鈕(以目前圖檔中刀具路徑的 XYZ 的範圍作為素材大小和位置的輸入值)

註：由於 Mastercam 刀具路徑的運算並不考慮素材,素材只是僅供
　　路徑模擬時目視參考。使用者可以不用設定素材尺寸,不影響
　　刀具路徑的運算。

圖 9-2-3

圖 9-2-4

圖 9-2-5

6.　**刀具補正號碼的設定**：設定刀具補正號碼的產生方式如圖 9-2-5 所示。有二種產生方式，第一種：依刀具號碼加上指定值來作為刀長補正和半徑補正號碼。例如刀具號碼是 1，[長度]欄位是 0，[直徑]欄位是 1，那在 NC 程式的刀長補正號碼：1+0=1；直徑補正號碼：1+1=2。通常刀長補正號碼會與刀具號碼相同；直徑補正號碼則不一定，一般 FANUC 和三菱控制器，長度補正號碼不會與半徑補正號碼相同，筆者的習慣是 1 號刀的刀長號碼是 1 號，直徑補正號碼是 2 號；3 號刀的刀長號碼是 3 號，直徑補正號碼是 4 號；以此類推，方便辨視。如果使用者從來不使用 G41/G42 補正，[直徑]欄位可以不用設定(如圖 9-2-5)。

第二種補正號碼的產生方式是[依照刀具]，依定義刀具時所設的補正號碼作為輸入值。

7.　**進給率的計算**：設定轉速和進給率的產生來源，一是依據[材質]，另一個是依據刀具的設定。加工時的主軸轉速和進給率，Mastercam 會自動為使用者計算或輸入。使用者如需要 Mastercam 自動依加工件的材質計算刀具的轉速和進給率，請選取[材質]，但必須先指定材質名稱。如果要使用定義刀具時所設定的轉速和進給率，請選取[依照刀具]。

最大轉速(RPM)：依材質計算時，所計算出來的轉速可能會高於機台的最高轉速，Mastercam 會以這欄位的數字取代。一般這欄位是機台最高轉速的 90%或 80%，如機台最高轉速 1 萬轉，這欄位輸入 9000 或 8000 轉，以保護主軸。

自動調整圓弧(G02/G03)的進給率：這參數打勾時，Mastercam 對圓弧路徑(G02/G03)會降低進給率(從圓弧起點開始)，調整的進給率，最大值不會超過直線路徑的進給率；最小值不會小於下面所設的[**圓弧的最小進給率**]。

[**圓弧的最小進給率**]：如果圓弧路徑的半徑小於或等於刀具半徑，會以這欄位設定的值作為進給率。

三、控制定義管理員設定存為預設值

1. 設定預設值的步驟

圖 9-2-6

(1) 系統開啓[**設定**]對話窗，選取[**控制定義管理員**](如圖 9-2-6)，進入 [控制定義]對話窗。爲了統一爾後範例解說步驟，請讀者將[控制定義]對話窗內容設定如圖 9-2-7。

(2). 工作設定對話窗設定好之後，選取[確定]鈕，回到[機器定義管理員]，選取[確定]鈕，即完成[工作設定]預設值的設定。

圖 9-2-7

9-3　[刀具路徑參數] 的說明

　　不管以那一個功能來產生刀具路徑，都必須設定[刀具路徑參數]標籤內的參數。所以本節先對[刀具路徑參數]作說明。

　　使用者在主功能表的[刀具路徑參數]選項中以一種加工功能(如[外形銑削]、[鑽孔]…等)選取加工圖形後，即進入刀具路徑設定對話窗；每一種加工功能的對話窗的設定內容不同，但一定有[刀具路徑參數]標籤(如圖 9-3-1 和 9-3-2)。[刀具路徑參數]標籤的內容說明如下：

圖 9-3-1

圖 9-3-2

一、刀具顯示區

刀具顯示區如圖 9-3-3 所示。顯示可以利用及已使用的刀具，主要是讓使用者選取目前加工功能所要用的刀具。在刀具顯示區沒有刀具可以選取時，有三種方式可以在刀具顯示區產生刀具；將游標移到刀具顯示區的空白處，按下滑鼠右鍵出現右鍵功能表(按下滑鼠右鍵所出現的功能表，統稱右鍵功能表)，在這右鍵功能表中有三個功能可供使用者產生刀具：**[刀具管理]**、**[建立新刀具]**和**[匯入操作]**。**[刀具管理]**、**[建立新刀具]**二個功能說明如下：

1. **刀具管理員**：從系統預設的刀具庫選取刀具。Mastercam 預設的刀具庫是 Mill_mm.tools,使用者可在裡面選取刀具。如果對 Mill_mm.tools 中的刀具不滿意，將游標放在對話窗邊反參角形，按下滑鼠，選取**[更換刀具庫]**(如圖 9-3-4)，選取另一個刀具庫檔名；而從另一個刀具庫中選取刀具。使用者可以自訂幾個刀具庫，以這個功能來切換選刀。

圖 9-3-3

圖 9-3-4

2. **建立新的刀具**：不從刀具庫選刀，而以定義刀具的方式產生刀具。選取
   這個功能，Mastercam 開啟[定義刀具]對話窗的[刀具類型]頁(如圖
   9-3-5)，請先為新刀具。

圖 9-3-5

3.　**選取刀具型式**：選取一種刀具型式後(如平刀)，對話窗切換到[刀具-平刀]
　　頁(如圖 9-3-6)，請在"刀具直徑"欄位中輸入刀具的直徑和刀具其它的尺
　　寸。

圖 9-3-6

如果這把刀在機器的刀庫上有固定的刀具號碼，請在"刀具號碼"欄位中輸入刀號，否則可以不用設定，由 Mastercam 以流水號編排即可。另外，除非 CNC 銑床上有一個以上的主軸頭，"刀座編號"的欄位也不用輸入；如果機台上有二個以上的主軸頭，就有必要使用這刀座編號，但要使用這欄位必須修改後處理器，才能輸出正確的刀座編號。

註：刀座編號預設值為-1，代表關閉或不用的意思。

至於"刀長"、"刀刃長"、"切刃長"、"刀柄直徑"、"夾頭直徑"和"夾頭長"等欄位可以不用輸入，不會影響刀具路徑計算的結果；但是會影響刀具路徑模擬時的刀具顯示形狀。

註：除非是使用特殊設計刀具，"刀具輪廓之顯示"請選取"自動"。

輸入刀具尺寸等資料後，選取[完成]鈕，結束[定義刀具]對話窗的輸入。在[定義刀具]對話窗中還有一個[參數]標籤(如圖 9-3-7)，它是設定這新刀具的加工參數，在[**參數**]所輸入的參數會被抓進加工功能(如外形銑削、鑽孔、挖槽等等)的對應欄位。

圖 9-3-7

不管是以[**刀具管理**]選取刀具或是[**建立新刀具**]產生的刀具，都會顯示在刀具顯示區(如圖 9-3-8)。

圖 9-3-8

二、刀具加工參數和 NC 程式的設定欄位

在刀具列示區下方計有 15 個欄位(如圖 9-3-9)，是設定目前加工功能所要的刀具尺寸、進給率、轉速、NC 程式行號、冷卻方式等。由於在上一頁[定義刀具]對話窗中，沒有在[加工參數]頁中設定刀具的轉數、進給率等參數，在[刀具參數]頁顯示的目前這把刀的轉速、進給率等等資料並不適當。使用者可以在目前這畫面中輸入刀具的加工參數。這些參數說明如下：

1. **刀具號碼**：設定在 NC 程式中所使用的刀具號碼。這個號碼可以由刀具庫自動輸入或是使用者在這欄位中輸入刀具號碼。一個刀具號碼只能用於一個刀具；不能多把刀具共用一個號碼。

2. **刀具名稱**：顯示所選取刀具的名稱；如果在[定義刀具]對話窗的[加工參數]中的[刀具名稱]欄位有輸入的話。使用者也可以修改這欄位內容。如果有輸入刀具名稱的話，在 NC 程式可以顯示這名稱，以供現場操作者參考。但只能輸入英文和數字而且後處理器須配合。

刀具直徑:	10.0		
刀鼻半徑:	0.0		
刀具名稱:			
刀具號碼:	1	刀長補正	1
刀塔編號:	-1	刀徑補正	2
		主軸方位：	順時針 ▼
進給率:	200.0	主軸轉速:	2500
FPT:	0.02	CS	78.5423
下刀速率:	100.0	提刀速率:	0.001
□ 強迫換刀		☑ 快速提刀	

圖 9-3-9

3.　**刀具直徑**：顯示刀具的直徑值。使用錐度銑刀時，請輸入小徑。Mastercam 是用這值來計算刀具路徑和補正量。

4.　**刀鼻半徑**：設定刀具的刀角半徑。一般立銑刀可分為三種型式：平銑刀、圓鼻刀和球刀三種。其刀角半徑如圖 9-3-10 所示。

圖 9-3-10

5. **刀塔編號**：指定使用目前這把刀的主軸頭編號。這參數適用於 CNC 加工中心有多個主軸頭(又稱為刀頭)，可多把刀具同時進行加工；欄位內輸入-1 代表關閉、不使用。

6. **刀徑補正**：設定刀具半徑的補正號碼。當有設定控制器補正時，這號碼決定加工時的補正的距離。

7. **刀長補正**：設定刀長的補正號碼。預設號碼等於刀具號碼。

8. **進給率**：設定刀具切削時移動的速度(單位：mm/分)。

9. **FPT**：銑刀每刃銑削量，可用來計算進給率。

10. **CS**：每分鐘切削速度 mm/min。

11. **提刀速率**：這提刀速率是控制刀具的提刀速度。而且僅適用於刀具往正 Z 方向移動。如果在其它地方有設定快速提刀時，這欄位的值無效。

12. **主軸轉速**：這值是控制刀具主軸的旋轉速度；旋轉速度是以每分鐘旋轉圈數(RPM)來表示。而這值會受[工作設定]所設定的[最大轉速]限

三、批次模式

[批次模式]在複雜龐大的 3D 曲面圖檔中計算刀具路徑，可能會花很長的時間。選取這選項(打勾)後，系統問完必要的條件後，不會馬上計算刀具路徑，反而會在操作管理員的 NCI 圖示上加上一"時鐘"的圖示⊕，表示這操作處於"批次模式"中。可待使用者將所有加工都安排好後，才進行刀具路徑的計算；這樣有個好處，使用者不用坐在電腦前苦苦等待刀具路徑的產生，可以直接編排下一個加工操作。

四、參考點

[參考點]在換刀後，如果想指定刀具先移到某一位置再移到進刀點或加工後刀具先移到某位置後再提刀換刀，可以使用這功能。"**參考位置**"對話視窗是分為二部分(如圖 9-3-11)；一是進刀位置，另一是退出位置。

圖 9-3-11

五、雜項變數

　　[雜項變數]對話視窗可供設定後處理的雜項變數值(如圖 9-3-12)。當執行後處理時，每一欄位的值會連結到後處理中的對應變數。如要設定雜項變數的預設值，請於[螢幕]→[MiscValues]的標籤中選取(如圖 9-3-12)。

圖 9-3-12

　　雜項整變數：雜項整變數這些欄位是供輸入後處理器的整數變數值。整數是一完整的數值,如:3, 50, 764 等等,在後處理中被用於計數或是編號的資料型態。這裡有十個整變數值可供設定；Matercam 的預設後處理器 Mpfan.pst 已將第 1、2、3 個整變數的功能預設好，說明如下：

1. **工作座標[0-1=G92, 2=G54'S]**：這欄位如果輸入 0 或 1，NC 程式以 G92 設定工作座標；輸入 2 的話，表示以 G54 到 G59 方式設定工作座標。一般這值為 2，而實際 G54 到 G59 以那一個工作座標輸出到 NC 程式，以下面介紹的[刀具面/構圖面]的加工座標系來決定。

2. **絕對或增量座標[0=絕對,1=增量]**：輸入 0 時，NC 程式以絕對值輸出座標；輸入 1 時，則以增量值輸出。預設值為 0。

3. **回參考點[0=G28, 1=G30]**：輸入 0 時，NC 程式以 G28 回機械原點；輸入 1 則以 G30。預設值為 0。

　　雜項實變數：雜項實變數這些欄位是供輸入後處理器的實數變數值。實數是以小數點表現的數值,如:0.5, 25.4 等等,在後處理中用於儲存尺度大小或是一些具小數點的數值等等.這裡有十個實數值可供設定。

　　註：除了整變數的第 1、2、3 個欄位已預設功能，其它的欄位在 Mpfan.pst 都沒有設定功能，不管輸入任一數值都沒有作用。

六、平面 WCS

　　用以設定刀具軸向和計算刀具路徑的補正方向的構圖面。對話窗分為三區域：**刀具面、構圖平面和工作座標系統**。(如圖 9-3-13)

圖 9-3-13

1. **刀具面**：設定刀具軸向和 NC 程式原點。使用立式 CNC 切削中心時，刀具面的平面設定一定是俯視圖(上)，不要設錯。如果圖形的系統原點不是 NC 程式的原點(0,0)，可以在刀具面的[**原點座標**]輸入作為程式原點的座標，NC 程式會以這點作原點，而不用將圖形移動。

[加工座標系]：控制後處理器輸出 G54、G55、G56...等加工座標系統。如果[雜項變數]的"整變數"之"工作座標"值爲 2(代表輸出 G54、G55..等)，在這裡的加工座標系值爲-1 或 0 時，後處理器輸出"G54"；爲 1 時，輸出 G55；2 時，輸出 G56，以此類推；**如果輸入 6，則輸出 G54.1P1，輸入 7 爲 G54.1P2，以此類推。**

2. **構圖平面**：設定刀具路徑補正基準面；也就是平面設定設爲俯視圖(上)時，刀具路徑的補正以俯視圖的 XY 方向作補正；設爲前視圖時，刀具路徑的補正以前視圖(前)的 XY 方向作補正。除非有特殊需要，構圖面的平面設定也是俯視圖。如果刀具路徑沒有作補正計算，[刀具面]和[構圖面]的平面設定必須相同，否則會有錯誤訊息。

3. **工作座標系統**：工作座標系統(WCS)其實就是工作座標系統。

七、刀具顯示

設定刀具路徑計算完成時，Mastercam 顯示計算結果的方式。這選項沒有打勾時，刀具路徑計算完成後不會顯示刀具路徑。以筆者的看法，這裡面的設定值使用系統預設值就好，不用修改。如要觀察刀具路徑，可使用操作管理員的[刀具路徑模擬]。

八、插入指令

讓使用者在 NC 程式的檔頭插入一些 M 碼，如圖 9-3-14。

圖 9-3-14

10
CH

外形銑削

學習目標

1. 外形銑削各參數的功能
2. 工作座標的設定方法
3. 補正設定的不同及注意
　事項
4. 進/退刀向量的設定
5. 各種外形銑削的型式
6. 選取加工外形的方法

🧩 10-1　外形切削

　　[外形切削]刀具路徑是沿著一線性圖素(直線、圓弧或曲線)或是以串連圖素來定義的刀具路徑來切削工件。Mastercam 允許以 2D 或 3D 線架構外形來產生外形切削刀具路徑。2D 外形由線、弧和曲線所組成，所有 2D 外形的圖素必須位於同一個構圖平面。

　　3D 外形由線、弧、和曲線組成，而所有的圖素並不是位於同一個構圖平面，要產生沿 3D 外形輪廓的刀具路徑請參閱本節的[**深度**]說明。

　　選取主功能表的[刀具路徑]→[外形切削]→[路徑連接參數]，進入外形切削對話視窗(如圖 10-1-1)，這裡面的參數說明如下：

圖 10-1-1

1.　[**安全高度**]：安全高度是每一個加工功能(又稱為操作)的起始高度，也就是每一個操作要開始執行時刀具會先移動到此高度，操作結束時刀具也會提高到安全高度。二個操作之間的快移(G00)高度也是這個高度。

(1) **絕對座標/增量座標**：設定爲絕對座標時會將安全高度設於安全高度的輸入值。**增量座標**時安全高度以"**工件表面**"爲基準，往上設定安全高度值。

(2) **只在操作開始和結束時，以安全高度位置平移**：這參數有打勾時，在一操作中如對二個串連外形作加工，這兩個串連外形路徑之間會以[參考高度]來移動。如沒有打勾則以安全高度移動刀具。

2. [**參考高度**]：參考高度是設定刀具要到下一個切層路徑的提刀高度。如果安全高度沒有設定，系統以參考高度作爲二個操作之間的 Z 軸移動高度。參考高度必須設於[進給下刀位置]之上才有作用。以增量座標設定參考高度時，是以"工件表面"爲基準，往上設定參考高度。

3. [**進給下刀位置**]：設定刀具開始以 Z 軸進給率下刀的高度。以增量座標設定時下刀位置會以"工件表面"所設的高度爲基準，往上設定進給下刀位置。有作分層銑深時這參數大多以增量座標來設定，以減少 G01 下刀距離。

4. [**工件表面**]：設定材料表面在 Z 軸的高度。以增量座標設定工件表面時，系統是以串連圖素爲基準，來設定工件表面。

5. [**深度**]：設定刀具路徑的最後加工深度。系統預設值是設定在串連圖素的 Z 軸座標。設定爲增量座標時深度以串連圖素爲基準，來相對設定銑削深度。如果要讓刀具沿著 3D 外形在空間中移動，一定要以增量座標來設定深度。圖 10-1-2 顯示以上參數的相關高度。

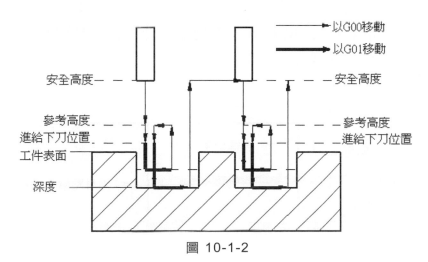

圖 10-1-2

6. [**補償形式**]：這選項要與[補正方向]配合才能產生正確的 NC 程式。由於用以產生刀具路徑的串連圖素是以成品尺寸繪製，編排刀具路徑時需要考量刀具半徑補正的問題。Mastercam X4 版提供五種半徑補正運算方式：(如圖 10-1-3)。

圖 10-1-3

(1) **電腦**：由 Mastercam 依設定的刀具半徑、串連圖素的串連方向、補正方向和預留量來計算出半徑補正後的刀具路徑(如圖 10-1-4)。以電腦補正產生的 NC 程式，不能在機台上作刀具磨耗補正，因為程式中沒有 G41 或 G42。

圖 10-1-4

(2) **控制器**：這選項會依[補正方向]的設定在 NC 程式產生 G41 或 G42 補正碼，但 Mastercam 不對串連圖素作刀具半徑補正運算，直接將串連圖素的座標輸出到 NC 程式。所以使用控制器補正時，真正刀具半徑補正量是在控制器上輸入控制。選取[控制器補正]時，系統會顯示[路徑最佳化]參數；[路徑最佳化]如有打勾，Mastercam 會忽略刀具路徑中小於或等於刀具半徑的圓弧(朝補正方向補刀具半徑會形成負 R 的圓弧)，以避免過切或機台警示。所以作[控制器補正]時，[路徑最佳化]一定要打勾。

(3) **磨耗**：也就是同時使用電腦補正和控制器補正；先經電腦補正計算出刀具路徑，再由控制器補正加上 G41 或 G42 補正碼。在這種情形下，在 CNC 控制器輸入的補正量就不是刀具半徑，應該是刀具的磨耗量，而且磨耗量的正值或負值會產生不同的結果請參閱圖 10-1-5。

圖 10-1-5

(4) **反向磨耗**：這選項也是同時使用電腦補正和控制器補正，只是電腦和控制器的補正方向相反。例如，當補正方向設定左補正時，刀具路徑先以[電腦補正]作左補正運算徑,再經[控制器補正]輸出 G42 右補正碼。這樣產生的 NC 程式,在 CNC 控制器上必須輸入正值的補正量才能抵消刀具磨耗。請參閱圖 10-1-6。

圖 10-1-6

(5) **關**:刀具路徑不作補正運算,刀具中心沿串連圖素產生刀具路徑。選取這選項時,[補正方向]的設定無效。

7 [**補償方向**]:設定刀具路徑的補償方向。補正方向依串連圖素時的串連方向來決定。刀具要在串連方向左邊時,請選取[左補正];要在串連方向右邊則選取[右補正]。請參閱圖 10-1-7。

8. [**校刀長位置**]:設定刀長的補正位置為刀具的刀尖或是刀具的球心位置。請選取以下一種選項:

(1) **球心**:設定刀長補正位置為刀具的球心。在 CNC 切削中心上必須以刀具球心來測刀長補正量(如圖 10-1-8)。

(2) **刀尖**:定刀長補正位置為刀尖。在 CNC 切削中心以刀尖測定刀長補正量(如圖 10-1-9)。

圖 10-1-7

圖 10-1-8

9. **[在轉角處刀具走圓弧]**：[補正型式]是[控制器補正]和[關]時，這選項的設定無效。這個選項會在刀具路徑的轉角位置插入弧。請選取以下一種選項：

   (1) **無**：不使用刀具轉角設定(如圖 10-1-9)。使用不走圓角要注意某些地方不能造成過切(如圖 10-1-10)。

   (2) **尖角**：只有在轉角小於或等於 135 度時才走圓角(如圖 10-1-11)。

   (3) **所有**：在所有轉角處走圓角(如圖 10-1-12)。

圖 10-1-9

圖 10-1-10

圖 10-1-11

圖 10-1-12

10. [**尋找相交性**]：這選項有打勾時，會通知 Mastercam 沿著外形銑削刀具路徑尋找路徑的自我相交點(圖 10-1-13)。自我相交點是 Mastercam 判斷刀具路徑是否過切的依據。如果有發現自我相交點，會自動調整刀具路徑以避免路徑過切。

圖 10-1-13

11. [**壁邊預留量**]：設定目前這個操作加工之後，在 XY 方向尺寸的預留量。預留量可以輸入正值或負值。負值表示過切量(圖 10-1-14)。

注意：如果[補正型式]設為"關"時，預留量的設定無效。

[**底部預留量**]：這個參數設定外形底部的預留量(Z 軸方向)。例如[深度]設為絕對座標 Z-10，[Z 方向預留量]為 1 時，實際加工深度為 Z-9。

圖 10-1-14

12. [**XY 平面多次銑削**]：如果這選項沒有打勾，在 XY 方向 Mastercam 只作一刀外形銑削加工；如有打勾可作多刀加工(如圖 10-1-15)。

圖 10-1-15

XY 方向如要作多刀外形銑削，將[XY 平面多次銑削]打勾後，選取[XY 平面多次銑削]鈕，進入[XY 平面多次銑削]對話窗(圖 10-1-16)。這裡面的參數說明如下：

(1) **粗切**：這區域內的參數設定 XY 方向粗銑的加工次數和間距。

    ① **數量**：設定外形銑削 XY 方向的粗銑次數。如果不作粗銑請輸入 "0"。

    ② **間距**：此值是粗銑每刀之間的距離。

(2) **精修**：設定 XY 方向的精修次數及間距。

    ① **數量**：設定外形銑削 XY 方向的精修次數。如果不作精修請輸入 "0"。

    ② **間距**：此值是精修每刀之間的距離。

圖 10-1-16

(3) **執行精修的時機**：精修的執行可以被設定在二種不同的情形。只有在使用[Z 軸分層銑深]時，這個選項才有作用。請選取以下其中一種選項：

① **最後深度**：在最後外形深度時才執行外形精修。使用這選項要考慮刀刃長度是否大於分層總深度。

② **所有深度**：每一層的粗銑執行完後，馬上執行精修。

(4) **不提刀**：通知系統在二個切削路徑之間刀具是否要提刀。預設值是"關"(沒有打∨).

警告！如果在非封閉式的外形加工設定不提刀，刀具從路徑的終點移動到路徑的起點時會不提刀，刀具可能會撞到工件。

13. [**分層切深**]：如果外形銑削的深度太深，刀具在深度方面無法一次加工時，可以用這功能將深度作分層加工(圖 10-1-17)，以降低刀具負荷。

(1) [**最大粗切深度**]：設定刀具切削材料時每一次粗銑時的最大 Z 軸進給量。實際上的每次切深不見得是這設定值，系統會以[**工件表面**]和[**深度**]之間的距離(Z 軸總切深量)，減去[**精修次數**]與[**精修量**]的乘積，再將結果(稱為總粗切量)除以[**最大粗切量**]以求得分層粗切次數，再以總粗切量除以分層粗切次數，即為實際每層粗切量。

圖 10-1-17

(2) **[精修次數]**：設定在 Z 軸方向要精修的次數。如不執行精修請設為
0。

(3) **[精修量]**：設定刀具在 Z 方向每一次精修的精修量。

[最大粗切量]與**[工件表面]**、**[深度]**、**[精修次數]**、**[精修量]**之關係：

設定值：[工件表面]＝**0**(絕對座標)   [深度]＝－**55**

最大粗切量＝**12**   精修次數＝**2**   精修量=**1**

Z 軸總切深量＝[工件表面]－[深度]＝0－(－55)＝55

總粗切量＝Z 軸總切深量－(精修次數×精修量)＝55－(2×1)＝53

Z 軸粗切次數＝總粗切量÷[最大粗切量]＝53÷12＝4.4167＝5 次

實際每層粗切深度＝總粗切量÷Z 軸粗切次數＝53÷5＝10.6

(4) [**不提刀**]：這選項會通知系統在二深度加工之間是否提刀。如果有設定螺旋下刀或斜進刀，系統會忽略不提刀的設定。

(5) [**使用副程式**]：如果沒有銑斜壁的話，可以將外形分層銑削刀具路徑以副程式方式輸出到 NC 程式。使用者可以決定要以[絕對座標]或[增量座標]方式輸出副程式。但是後處理器必須是可以處理計算副程式，那才可以順利的產生副程式。自 8 版以後使用 Mastercam 提供的 Mpfan.pst 後處理，可以產生副程式。

(6) [**分層銑深之順序**]：有二個選項，請選取任一個：

① **依照外形**：將一串連外形的所有分層銑削加工後，才提刀到另一串連外形做加工。

② **依照深度**：依串連外形的順序，依序加工每一串連外形的同一分層深度。這選項比較適合加工較薄的工件。

(7) [**錐度斜壁**]：這功能可以銑出具有拔模角的側邊。

銑斜壁　角度:15度

(8) [**進/退刀向量**]：使用[**進/退刀向量**]功能，Mastercam 會在 2D 或 3D 外形刀具路徑的起點和/或終點放置一直線和或圓弧組成的路徑(圖 10-1-18)，作為刀具路徑的進、退刀之用。

① **封閉式輪廓由中點位置執行進/退刀**：可在封閉式外形的第一個串連圖素之中點上產生進/退刀路徑。

② **執行刀把檢查**：檢查刀具路徑和進/退刀之間是否有交點。如果有交點表示進/退刀時發生過切，系統會自動調整進/退刀的長度。但使用[控制器補正]時，這選項的設定無效。

圖 10-1-18

③ **重疊量**：這選項適用於封閉式外形路徑的刀具退刀設定。在刀具退出刀具路徑之前會多走一段在此指定的距離以越過路徑的進刀點。

④ **進入**：這"進入"會在外形銑削所有的粗銑及精修路徑的起點之前增加一直線和/或一個圓弧的路徑。系統放置直線的位置相對於弧，如果直線與圓弧二者都有設定，會先執行直線路徑後再執行圓弧。選取"進入"方塊(打 ∨)以開啓這個選項後，可以設定以下的參數：

　　a. **垂直/切線方向**：引進線垂直或相切於切削方向.如設定垂直時，直線朝刀具補正方向旋轉 90 度，以使直線垂直切削方向。

b. **長度**：設定直線的長度。長度為 0 時表示沒有引進線。

c. **斜面高度**：設定直線的斜進高度。設定 0 時表示沒有斜進高度。

d. **圓弧半徑**：定義進刀圓弧的半徑。進刀圓弧總是與刀具路徑相切，設定為 0 時，表示沒有進刀圓弧。

e. **掃掠**：設定進刀弧的掃掠角度。

f. **螺旋高度**：設定進刀弧的斜進高度，以將圓弧轉換為螺旋。此值為 0，表示沒有螺旋高度。

g. **由指定點下刀**：設定進刀線/弧的起點(也就是下刀點)。系統會將串連外形之前所串連的最後一點做為引進的下刀點。

h. **使用指定點的深度**：設定進刀起點的深度在所選取的指定。

i. **只在第一層深度有進刀設定**：只在第一次深度切削時才有進刀向量。

⑤ **箭頭鈕** ▶▶ ：這鈕會將進刀區的設定複製到退刀區.

⑥ **離開**：這"離開"會在所有的粗銑及精修路徑的終點上增加一直線(直線)和/或一個弧(引出弧)組成的刀具路徑。系統放置引線的位置相對於引出弧。如果線與弧二者都有設定，會先執行弧的引出後再執行引線。退刀設定的參數和進刀設定相同，這裡就不再說明。

14. **[外形銑削型式]**：[外形銑削]有四種加工型式：[2D 或 3D]、[2D 倒角或 3D 倒角]、[螺旋式漸降斜插]及[殘料加工]、[擺動式]。系統預設值為"2D"。外形銑削型式位於對話視窗的左下角(如圖)，供使用者決定要使用何種功能。

(1) [**2D 或 3D**]：所選取的串連外形位於空間中一平面上時，這選項的系統預設值為 2D，工件之銑削深度會以絕對座標標示。如選取串連外形不在一平面上時，這選項預設值為 3D，銑削深度會以增量座標標示。

(2) [**2D 倒角或 3D 倒角**]：供使用者對串連外形產生倒角的刀具路徑。這功能在刀具型式方面有限制，只能使用圓鼻刀、球刀或倒角刀；如果不是選取這三種之一的刀具，在完成刀具參數輸入後，系統會顯示警告訊息。在下拉式功能表選取[2D 倒角]或[3D 倒角]時，[倒角]鈕會顯現出來，供設定倒角參數，參數內容如下：

① **寬度**：設定倒角的寬度。

② **尖部補償**：設定刀尖超出倒角深度的距離。可確保不會以刀尖作倒角。

(3) [**螺旋式漸降斜插**]：以螺旋式加工法取代 2D 外形銑削。使用這功能時會將[**Z 軸分層銑深**]鈕關閉，而以[**螺旋式漸降斜插**]視窗中的設定取代。在下拉式功能表中選取[**螺旋式漸降斜插**]選項後，選取[**螺旋式加工**]鈕，進入漸降斜插視窗如下：

斜插的位移方式：

① **角度**：刀具沿著串連外形以[**斜插角度**]漸降加工。由於是以斜插角度來漸降加工，在掌握刀具的深度切削量方面要注意。

② **深度**：以指定的[**斜插深度**]取代[**斜降角度**]來產生漸降斜插刀具路徑。這裡指定的斜降深度不是最後加工深度，而是從串連起點到終點，刀具斜插的深度。

銑削深度: -80, 斜降深度20.

③ **垂直下刀**：以[斜降深度]作分層銑削，在每一分層銑削路徑終點到下層路徑起點之間(斜降深度)以垂直下插方式下刀。一般這功能用於開放式的串連外形輪廓，具有不提刀的效果。

上圖為銑削深度-80mm，直線下插
深度20的刀具路徑

(4) **[殘料加工]**：這"殘料加工"功能計算先前刀具路徑無法去除的殘料區域並產生外形銑削刀具路徑來銑削殘料。我們可以設定殘料區域是以[**先前所有的操作**]、[**前一個的操作**]或是指定一[**粗銑刀具直徑**]來計算殘料。

① **設定殘料之計算基準**

首先必須設定殘料是基於何種方式計算；有三種方式供決定：

 a. **所有先前的操作**：以先前所有的操作，如:外形銑削、挖槽和全圓銑削等為計算基準，找出殘料區。

 b. **前一個操作**：以先前一個操作，如外形銑削、挖槽或全圓銑削等為計算基準，找出殘料區。

 c. **自設的刀具直徑**：以指定一粗銑刀具直徑的方式來計算殘料區域。我們可在[粗銑的刀具直徑]欄位中輸入粗銑刀具的直徑。

② **安全區域**：延伸刀具路徑的起點和終點路徑，以避免從部分殘料上方下刀或殘料清除不完全。這值為刀具直徑百分比或一正值。

③ **殘料加工的誤差**：這值決定殘料加工路徑的精度和殘料的顯示。一較小的誤差值可以得到較精準的殘料區域，殘料也會清除得比較完全；但是會花較長的處理時間。請輸入一刀具直徑百分比(建議為 5%)或一正值為誤差值。

④ **顯示素材**：選取這選項後，在計算刀具路徑時系統除了會顯示粗銑刀具路徑和殘料加工刀具路徑所銑削的範圍，也會顯示殘料加工後所留下的殘料區域。

提示：

1. 假如依據先前操作來產生外形銑削殘料加工，然後在[操作管理員]中移動殘料加工操作到先前參考操作之前，會造成殘料加工不能正確計算。

2. 要產生殘料加工路徑，串連的圖素必須是 2D 外形。

10-2 範例一(2D 外形銑削)

本節將以圖 10-2-1 左圖為範例(光碟中\範例圖檔\第 10 章\範例一.，說明如何以外形銑削功能產生刀具路徑、如何修改參數和如何以刀具路徑模擬來檢查刀具路徑。

操 作 步 驟

步驟 1 讀入光碟\範例圖檔\第 10 章\範例一

步驟 2 選取要加工的外形

筆者以加工整個外形輪廓作解說，想了解只加工部分外形的操作步驟，請參閱 10-3 節。

1. 從主功能表選取[刀具路徑]→[外形切削]。

2. 提示區要求選取串連圖素 1，預設串連方式=自動串連。Mastercam 以串連圖素選取的起點和終點來決定刀具下刀起點、刀具走的路徑和提刀位置。請在圖 10-2-1 左圖， P1 位置按下滑鼠左鍵，以選取整個外形輪廓(整個外形會反黃，表示被選取了)

圖 10-2-1

3. 在靠近滑鼠選取位置圖素的端點上會顯示一箭頭(如圖 10-2-1 右圖)，這箭頭代表刀具加工方向，箭頭根部十字是下刀點，由於整個外形都被選取，所以刀具將會從箭頭根部下刀，以箭頭方向沿外形加工而回到箭頭根部再提刀。在抬頭區也提示要求選取串連圖素 2，由於沒有其它的外形要加工，所以選取[執行]選取結束外形輪廓的選取。

步驟 3　設定[刀具參數]頁

1. 系統開啓外形切削對話窗(如圖 10-2-2)，對話窗裡刀具 (如圖 10-2-2)點取對話窗左上角的刀具標籤，出現空白刀具庫。

圖 10-2-2

2. 刀具(或從刀具庫選刀)，以建立新刀具說明。

　　(1) 在游標移到空白刀具庫區，按一下滑鼠右鍵，在右鍵功能表中選取[建立新的刀具](如圖 10-2-3)。

圖 10-2-3

(2)　畫面上出現[定義刀具]對話窗，請在平刀的圖示上點一下滑鼠左鍵，選取平刀(如圖 10-2-4)。

圖 10-2-4

(3)　畫面切換到刀具尺寸輸入頁，在[刀具直徑]欄位輸入 8 (如圖 10-2-5)。其它的刀具尺寸欄位數字不用修改，它們不會影響刀具路徑的運算，只是刀具路徑模擬時，會以這些欄位的刀具尺寸來顯示刀具。Mastercam 從 1 開始以流水號賦予刀具號碼；除非必要，[刀具號碼]欄不用改為其它號碼。

圖 10-2-5

(4) 在定義刀具對話窗選取[加工參數]標籤,在[進給率]輸入 300,[Z軸進給率]輸入 200,[土軸轉速]輸入 2000,以設定這把刀的加工參數,如圖 10-2-6。選取[確定]鈕,結束刀具的設定。

圖 10-2-6

(5) 在[刀具]對話窗所設定的刀具尺寸和加工參數即在[刀具參數]頁中顯示(如圖 10-2-7)，表示外形銑削將使用 1 號刀、直徑 8mm 平銑刀來產生刀具路徑。

圖 10-2-7

步驟 4 設定[切削參數及路徑連結參數]頁

1. 以滑鼠選取[外形銑削參數]標籤，進入外形銑削參數設定視窗，請將對話窗內容設定如圖 10-2-8 後，選取[確定]鈕，結束參數設定。

圖 10-2-8

2. 在繪圖區馬上顯示刀具路徑計算結果(如圖 10-2-9)。

圖 10-2-9

步驟 5 | 刀具路徑模擬

1. 在主功能表上的[刀具路徑]功能表中選取[操作管理員]功能(如圖 10-2-10 圖)，Mastercam 開啟[操作管理員]視窗(如圖 10-2-10 圖)。

圖 10-2-10

2. 先前所安排的輪廓路徑，會記錄在[操作管理員]中。這一個外形切削在操作管理員中稱為一個操作，所以在操作管理員的抬頭區顯示[1 操作,1 個被選取](表示操作管理員中有 1 個操作且這個操作被選取(打勾))；在操作管理員右邊的功能(重新計算、刀具路徑模擬、實體切削驗證等等)即是對有打勾的操作作處理。每一個操作記錄的資料分為[參數]、[刀具]、[圖形]和[刀具路徑]四項；[參數]記錄先前設定的刀具參數和外形銑削參數；[刀具](如#1-M8.00 平刀-)記錄刀具的定義資料；[圖形]記錄串連選取的圖素；[刀具路徑]則記錄所產生的刀具路徑。

3. 選取[**刀具路徑模擬**]，進入刀具路徑模擬，請先確定刀具路徑模擬功能表的設定如圖 10-2-11 的([**顯示路徑**]和[**顯示刀具**]都為 Y(表示要顯示路徑或刀具))。選取[**手動控制**]，每以游標點一下[**手動控制**]，刀具即移動一個單節座標，在提示區也會顯示刀具所在的座標(如圖 10-2-11)。請連續按下[**手動控制**]和[**回上步驟**]，來回觀察刀具的下刀動作、位置、路徑和加工深度，直到顯示路徑模擬完畢的訊息，選取[確定]鈕，結束手動控制的路徑模擬。

   註：選取[手動控制]時，同時按下滑鼠的左右鍵可加快模擬速度。

圖 10-2-11

4. 由於上述是以俯視圖作路徑模擬，沒有立體感。我們可以將視角設定為**等角視圖**，再以[手動控制]來觀察刀具路徑。黃色路徑表示刀具以 G0 移動；淺藍色表示以進給率(F 值)移動。

5.　結束路徑模擬後，按下[結束]鍵回到操作管理員。

步驟 6 │ 調整分層切深

1.　上述路徑模擬可以發現刀具直接下插到 Z-10 深度作外形銑削，對直徑 8mm 平銑刀可能太深，需要作 Z 軸分層銑深。在操作管理員中選取輪廓操作的[參數](如圖 10-2-12)，進入先前**步驟 3** 所設定的分層切削參數對話窗，將[分層切削]的檢查方塊打勾(如圖 10-2-13)。

圖 10-2-12

圖 10-2-13

2. 選取[Z 軸分層銑深]，進入分層銑深設定視窗，將最大粗切量設為 5 (如圖 10-2-14)。選取[確定]鈕

Z軸分層銑深設定

最大粗切深度: 5.0

精修次數: 0

精修量: 1.0

☐ 不提刀

☐ 使用副程式

○ 絕對座標 ● 增量座標

分層銑深的順序
● 依照外形 ○ 依照深度

☐ 錐度斜壁

錐度角: 0.0

圖 10-2-14

3. 選取外形銑削參數對話窗的[確定]鈕，結束參數的修改。畫面回到操作管理員(如圖 10-2-15 左圖)，外形銑削操作的刀具路徑圖示出現紅色 X，表示記錄的刀具路徑和目前參數不相符。

4. 選取[重新計算]，Mastercam 以新參數重新計算刀具路徑，而且刀具路徑圖示紅色 X 也消失(如圖 10-2-15 右圖)。

圖 10-2-15

5. 讀者以**步驟 4** 的刀具路徑模擬觀察新的刀具路徑(如圖 10-2-16)。

圖 10-2-16

步驟 7 設定進/退刀路徑

1. 上述刀具路徑的下刀位置距離工件太近，設定進/退刀可以改善這缺點。在操作管理員中選取輪廓操作的[參數]圖示，進入外形銑削參數對話窗，將[**進/退刀向量設定**]的檢查方塊打勾(如圖 10-2-17)，選取[進/退刀向量]鈕，進入進/退刀設定視窗。

圖 10-2-17

2. 請將進/退刀設定視窗設定如圖 10-2-18 (退刀重疊量：2,進刀直線長：8，圓弧半徑：0；退刀直線長：0，弧半徑 4.8 (60%))。選取[確定]鈕，關閉進/退刀向量設定視窗。

圖 10-2-18

3. 選取外形銑削參數對話窗的[確定]鈕，結束參數的修改。

4. 畫面回到操作管理員，選取[重新計算]。刀具路徑增加進/退刀路徑如圖 10-2-19。

圖 10-2-19

步驟 8 ▎ **每層之間改為不提刀**

1. 由於增加進/退刀路徑造成每層刀具路徑之間刀具會提高到參考高度 Z5 移到下刀位置再下刀。如果機台以每分鐘 20 米以上的 G0 速度快速移動，在這麼短的距離下可能造成機台晃動。

2. 在操作管理員中選取外形銑削操作的參數圖示，在輪廓參數對話窗中選取[**Z 軸分層銑深**]，將 Z 軸分層銑深的**不提刀**打勾(如圖 10-2-20)，選取[確定]鈕，關閉視窗。

圖 10-2-20

3. 選取外形銑削參數對話窗的[確定]鈕，結束參數的修改。

4. 畫面回到操作管理員，選取[重新計算]，每層刀具路徑之間修改為不提刀。

步驟 9　設定平面多次銑削

1. 以上刀具路徑即使是分層銑削，每一層仍是作一刀加工，在切削量大的情況下，工件的精度和表面粗糙度不會很好。可以將外形分二次加工，第一次粗銑讓外形留 0.5mm 裕量供第二次的路徑作一刀精修。

2. 在操作管理員中選取外形銑削操作的參數圖示，在外形銑削參數對話窗中選取[**XY 平面多次銑削**]，將 XY 分次銑削設定如圖 10-2-21。

圖 10-2-21

註：如果刀具的實際切刀長度大於 20mm，執行精修之時機才可以選取[**最後深度**]，否則要選取[所有深度]作每層精修。

3. 選取[確定]鈕，關閉視窗。

4. 畫面回到操作管理員，選取[重新計算]。刀具路徑變更如圖 10-2-22。

圖 10-2-22

10-3　範例二

本節將以圖 10-3-1 工件來示範選取部份外形作外形銑削,並以同時加工兩個工件來示範 G54 和 G55 及程式原點的設定。

圖 10-3-1

這個工件打算在機台上同時放兩個工件,一個工件設定為 G54,另一個為 G55,其程式原點各不相同如圖 10-3-2。由於工件以壓板固定,G54 和 G55 的加工區域各如虛線所示。一個工件經過 G54 和 G55 二個步驟加工即可得到完整形狀。素材的準備尺寸是長度 150mm、寬度 33.3mmh 的矩形(單邊材料裕量 5mm)。

圖 10-3-2

操作步驟

步驟 1 **讀入光碟\範例圖檔\第 10 章\範例二**

步驟 2　**複製零件**

1. 選取平移
2. 選取複製
3. 直角座標 X 軸輸入 100
4. 按確定

步驟 3　**先作 G54 座標系路徑**

1. 選取刀具路徑
2. 選取外型切削
3. 選取串連
4. 選取入刀點位置及退刀點位置
5. 按確定

步驟 4 參數設定如下圖

1. 設定刀具直徑 8mm

2. 設定切削參數

3. 設定進/退刀向量

4. 設定路徑連結參數

5.　按確定

6.　模擬路徑參數

步驟 5　設定 G55 座標系路徑

1.　選取平面

2.　設定構圖面和刀具面原點

3.　選擇新的構圖面原點位置

4.　選取新增

5.　新的視角名稱

6.　打開加工座標系設定為 1

　　G54+1=G55

選擇新的構圖面原點位置

7.　關閉新原點

8.　按確定

步驟6　設定 G55 座標刀具路徑

選擇刀具路徑→外形切削

3.退刀點

2.入刀點

1. 選取部分串聯
2. 選取入刀點
3. 選取退刀點
4. 輸入切深 -5

步驟 7　模擬刀具路徑

步驟 8 轉程式

```
%
O0000
G0 G17 G40 G49 G80 G90
T1 M6
G0 G90 G54 X7.786 Y28.608 S2500 M03
G43 H1 Z25. M8
Z10.
G1 Z-4.9 F100.
G3 X7.718 Y27.564 R7.999 F300.
X14.673 Y19.633 R7.999
G1 X61.168 Y13.511
G2 X66.15 Y7.83 R5.73
X60.42 Y2.1 R5.73
G1 X45.582
G3 X36.463 Y0. R20.85
X45.582 Y-2.1 R20.85
G1 X60.42
G2 X66.15 Y-7.83 R5.73
X61.168 Y-13.511 R5.73
G1 X14.673 Y-19.633
G3 X7.718 Y-27.564 R7.999
X7.786 Y-28.608 R7.999
G0 Z25.
G55 X-38.348 Y-26.52 Z25.
Z10.
G1 Z-4.9 F100.
G3 X-46.279 Y-19.565 R7.999 F300.
X-47.323 Y19.633 R7.999
G2 X-49.497 Y-19.776 R16.651
X-66.147 Y-3.125 R16.651
```

10-4 範例三

以串連選取加工外形時，使用者要注意串連起始位置、串連方向，要是有幾十個甚至上百個串連外形要選取，那豈不是太累了。本節將以圖 10-4-1 來說明如何以[窗選]選取多個串連外形作外形銑削，並且指定每個串連外形的加工起始位置。

圖 10-4-1

 操 作 步 驟

步驟 1 讀取光碟\範例圖檔\第 10 章\範例三

在讀取的圖形中，每個工件圖形上都有一個存在點，這存在點打算作為外形銑削的加工起始位置，銑刀從存在點位置下刀加工。

步驟 2 選取要加工的外形。

1. 從主功能表選取[回主功能表]→[刀具路徑]→[外形切削]。
2. 選取[窗選]→[選項]。進入[串連的選項]設定視窗。

3. 將[由點開始串連]打勾。

4. 封閉式輪廓的串連方向請設定為[順時針]。

5. [串連選項]設定視窗應如圖 10-4-2。

圖 10-4-2

6. 選取[確定]鈕，關閉[串連選項]視窗。

7. 主功能表上的窗選方式設定如圖 10-4-3。

圖 10-4-3

8. 選取如圖 10-4-4 所示的 P1 和 P2 位置，將所有圖形窗選起來。

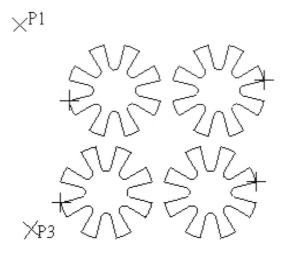

圖 10-4-4

9. 提示區要求輸入搜尋點。請在圖 10-4-4 所示的 P3 位置點一下，表示將由左下角的串連外形開始加工。

10. 選取主功能表上的[執行]。

11. 進入外形切削參數設定視窗。請如本章範例一設定外形切削參數，產生刀具路徑如圖 10-4-5。

圖 10 4 5

11 CH

挖槽

學習目標

1. 了解挖槽各參數的功能

2. 了解各挖槽型式的不同

3. 了解粗加工切削方式的特性

11-1 挖槽

　　挖槽加工應用於封閉區域內面積的加工，能將區域內的材料銑削掉。用於挖槽外形及島嶼(如圖 11-1-1)的圖素必須在同一個構圖面上，不可以選取 3D 的串連外形作為挖槽的外形邊界。從主功能表中選取[**刀具路徑**]→[**挖槽**]可進入挖槽功能。

圖 11-1-1

11-2　挖槽參數說明

1. [安全高度]、[參考高度]、[進給下刀位置]、[工件表面]、[深度]、[校刀長位置]、[在轉角處刀具走圓弧]、[曲線打斷成線段誤差值]、[XY 方向預留量]、[Z 方向預留量]、[分層銑深]等請參閱第 10 章的外形切削參數。

2. [**加工方向**]：設定挖槽加工的加工方向(順銑或逆銑)。這參數並不適用於雙向式挖槽路徑。請選取其中一種選項：**順銑**或**逆銑**。

圖 11-2-1

(1) **順銑**：以材料的加工邊而言，刀具的旋轉方向與刀具的行進方向相反稱為順銑(如圖 11-2-2)，每刃切入材料時的切削量由厚漸薄，切屑排出在刀具後面。

圖 11-2-2　　　　　　　　　圖 11-2-3

(2) **逆銑**：以加工邊而言，刀具的旋轉方向與刀具的行進方向相同稱為逆銑(如圖 11-2-3)，每刃切入材料時的切量為由薄漸厚，切屑排出在刀具前方。一般用於加工有黑皮的鑄件時使用。

3. [**產生附加的精修操作(可換刀)**]：有打勾時，會在目前這挖槽的操作之後產生一個挖槽的精修操作；其實這第二個只有精修路徑的挖槽操作就是外形銑削路徑。第二個挖槽精修操作使用與第一個挖槽路徑相同的參數和串連圖素,.但只產生精修路徑。我們可以在操作管理員中將第二個挖槽操作變更刀具，以新刀具精修挖槽外形的尺寸。

4. [**進階設定**]：有挖槽功能的其它設定，設定殘料加工和等距環切的系統計算公差。

(1) [**殘料加工和等距環切的公差**]：設定計算殘料加工或是等距環切刀具路徑的誤差值，一較小誤差值會產生較精準的刀具路徑。而誤差值可以在二個欄位輸入：[刀具直徑的百分比]或[公差]。系統預設值是刀具直徑的 5%。

(2) [**顯示等距環切的素材**]：設定在計算等距環切路徑時,是否顯示每次切削的殘留量。預設值是不顯示。

5. [**挖槽型式**]：這裡面有五種挖槽型式，選取型式的不同會產生不同的刀具路徑。請參閱以下的說明：

(1) [**標準**]：是系統預設功能。選取這選項後，無法以[挖槽型式]下方的特殊功能來設定產生特殊挖槽刀具路徑。

(2) [**面銑刀**] X4 版或[**邊界在加工**] X5 版：一般挖槽時，刀具一定是整個在挖槽外形裡面；而[面銑刀]可以讓刀具超出挖槽外形，並且刀具會在挖槽外形外下刀(如圖 11-2-4)。這功能常用於類似公模或電極等凸起形狀可由材料外面下刀的加工。

挖槽外形

島嶼

刀具在外形外面下刀

挖槽型式: 銑出外邊界

銑出外邊界加工結果

圖 11-2-4

在[挖槽型式]中選取[面銑刀]，系統顯示[面銑刀]鈕供使用者設定參數。

① [**刀具重疊的百分比**]：設定刀具要超出材料邊界的量。這數值以刀具直徑的百分比表示，百分比愈大，超出邊界的值愈大。預設值是 50%。一修改這值，[重疊量]也會跟著變更。

② [**重疊量**]：也是設定刀具路徑要超出材料邊界的量。這欄位值等於[刀具重疊的百分比]乘以[刀具直徑]。

③ [**進刀引線長度**]：設定刀具路徑起點(下刀點)到工件的距離。這值最好大於刀具半徑。

④ [**退刀引線長度**]：設定刀具退出挖槽外形外的距離。建議設為0，因爲沒必要。

⑤ [**島嶼上方的預留量**]：這參數是供[使用島嶼深度挖槽]的挖槽型式使用的，在這裡不能設定這欄位。

註記：

* 如只選取挖槽外形而未選取島嶼邊界，打算以[面銑刀]來產生類似面銑效果的刀具路徑，我們建議還是直接使用[面銑]功能，可以有比較多的選擇。

* 選取[面銑刀]時，所選取的串連外形必須封閉。

(3) [**使用島嶼深度挖槽**]：這挖槽型式除了作一般挖槽路徑外，還會對島嶼上方以銑出外邊界方式修平島嶼上方的平面。

① [**刀具重疊的百分比**]：設定刀具路徑要超出島嶼邊界的距離，以刀具直徑百分比表示。

② [**重疊量**]：設定刀具路徑要超出島嶼邊界的距離。

③ [**進刀引線長度**]：設定精修島嶼平面時下刀點到島嶼邊界的距離，以供刀具在島嶼邊界外下刀。這值建議大於刀具半徑。

④ [**退刀引線長度**]：設定刀具退出島嶼外形外的距離。

⑤ [**島嶼上方的預留量**]：設定島嶼上方的預留量。

(4) [**殘料加工**]：針對先前的刀具路徑無法去除的殘料區域產生一個外形銑削刀具路徑以銑削殘料。殘料區域可以以先前所有的操作、前一個操作或是指定一個刀具直徑來計算殘料。

① [**安全高度**]：延伸刀具路徑的起點和終點，以避免從殘料上方下刀或殘料清除不完全。這值為刀具直徑百分比或一正值。

② [**在粗銑路徑加上進/退刀引線**]：會在每一切削路徑的起點和終點產生進/退刀路徑；而要讓這選項能正常工作，必須在[粗銑/精銑參數]對話視窗中選取[粗銑]和[進/退刀向量]的檢查方塊。

③ [**精修所有的外形**]：在整個挖槽外形產生精修路徑，不僅僅只在殘料區而已。

④ [**顯示材料**]：選取這選項後，在計算刀具路徑時系統除了會顯示粗銑刀具路徑和殘料加工刀具路徑所銑削的範圍，也會顯示殘料加工後所留下的殘料區域。

(5) [**開放式輪廓挖槽**]：定義挖槽邊界時，串連外形的起點和終點不是在同一點，稱為開放式輪廓。對於這種挖槽邊界，可以使用開放式輪廓挖槽切削方法產生挖槽刀具路徑。Mastercam 會計算串連起點與終點之間距離並可將這種串連視為封閉式串連。使用這功能時，挖槽邊界內不能有島嶼，島嶼會被忽略。

① [**重疊量**]：在開放式輪廓挖槽時，系統會在串連外形的起點和終點之間產生一假想線，將這串連外形視為封閉式輪廓；這欄位設定刀具可超出這假想線的距離。請輸入一刀具直徑百分比作為邊界超出量。

② [**使用開放輪廓的切削方式**]：選取這選項時，刀具路徑起點會在沒有邊界的那一邊下刀，由內而外加工。

③ [**封閉式外形時使用標準式挖槽**]：選取這選項時，如果選擇的串連是封閉式的圖素，刀具路徑會以一標準挖槽加工。

挖槽邊界

下刀位置

11-3 粗銑/精修參數說明

　　這對話窗分為二個部分[粗加工]和[精加工](如圖 11-3-1)，[粗加工]是作面積方面的銑削設定，主要針對挖槽的底部面積作加工；而[精加工]則是對挖槽的邊界作銑削設定(其實[精加工]就是前一章介紹的外形切削)。一般情形下，這二個檢查方塊都會打勾，讓 Mastercam 將挖槽邊界內的面積銑削後(粗加工)，再沿挖槽邊界和島嶼邊界作外形銑削(精加工)。如果只有[精加工]打勾，Mastercam 不作挖槽面積加工而只作邊界外形的銑削。筆者常以挖槽的[精加工]功能來取代外形銑削，因為可以不用設定左右補正(只適用加工封閉式輪廓的內側)。

圖 11-3-1

1. 粗加工

(1) [切削方式]：為挖槽粗銑刀具路徑選取一種切削方式：
Mastercam 為挖槽提供 8 種加工方式(如圖 11-3-2)。

① **雙向**：依粗切角度以直線雙向移動方式來挖槽。

② **等距環切**：此路徑計算方式為：先產生一道粗銑路徑，決定出殘留區域，再由殘留區域計算下一刀具路徑；這程序會反覆進行直到完成整個挖槽加工。這選項可以以較少的線性移動量來完成挖槽操作。

③ **平行環切**：此路徑計算方式為將外圍邊界補正切削間距值來產出刀具路徑，這方式並不保證可以完全清除材料。如果有殘料發生，可減少刀具間距來解決。

④ **平行環切清角**：這方式與平行切削相類似，但在挖槽的角落增加清角動作以清除路徑轉角處材料，但不保證可以完全清除材料。如果有殘料發生，可減少刀具間距來解決。

⑤ **依外形環切**：此刀具路徑會依外邊界與島嶼的外形漸變地產生粗銑路徑。這功能有個優點：除了下刀後第一刀可能是全進刀(刀具與材料接觸面為刀具直徑)加工，其它的切削路徑不會產生全進刀路徑，適合高硬度材料加工。

⑥ **高速切削**：高速加工機加工時進給率可高達 3000～10000mm/每分鐘；在這種情形下，較大的切深或刀具間距並不適合以一般直進式的刀具路徑作加工，否則刀具負荷太大。而這功能提供擺線式加工法，可消除刀具負荷。輸出的 NC 碼幾乎是 G02/G03。

⑦ **單向**：以單一方向的平行路徑來挖槽。

⑧ **螺旋切削**：以所有皆相切的圓弧來計算出刀具路徑。可為刀具提供較平順的加工動作、較短的 NC 程式和較佳的清除效果。

雙向切削
依外形環切
等距環切
螺旋切削
平行環切
平行環切並清角
單向切削
高速加工

圖 11-3-2

(2) [切削間距(直徑%)]：設定刀具路徑的 XY 方向間距，以刀具直徑百分比表示。改變此值時，[刀具間距(距離)]的值會自動修正。系統預設值是 75%

(3) [刀具間距(距離)]：也是設定刀具路徑的 XY 方向間距。這值等於刀具直徑百分比 X 刀具直徑。

(4) [粗切角度]：此欄位是在雙向切削和單向切削時，設定刀具的切削方向。如圖 11-3-3 顯示不同角度對切削方向的影響。

圖 11-3-3

(5) [**刀具路徑最佳化**]：當實施含島嶼的挖槽加工時，刀具有時會以全進刀方式切削材料，對刀具的負荷非常大；特別是直徑小的刀具，常常發生斷刀。這選項可儘量避免刀具全進刀的發生。圖 11-3-4 顯示有無最佳化的比較。

圖 11-3-4

(6) [**由內而外環切**]：由挖槽的中心往外加工到外形邊界，適用於所有的環繞式切削。如沒有選取這檢查方塊為由外而內加工。

(7) [**進刀方式**]：Mastercam 提供無、螺旋式漸降斜插和螺旋式下刀三種下刀方式。如果如圖 11-3-5 所示的[進入方式]沒有打勾的話，表示以直線下刀。將檢查方塊打勾，選取[螺旋式下刀]鈕，進入螺旋/斜插式下刀參數設定對話窗，這對話窗供設定螺旋式下刀的參數。

圖 11-3-5

① **螺旋式下刀**：下刀方式如圖 11-3-6。

圖 11-3-6   圖 11-3-7

　　a. [**最小半徑**]：設定螺旋下刀的最小半徑。使用圓刀片的圓鼻
　　　刀作螺旋下刀時，最小半徑請勿大於刀具靜點半徑(如圖
　　　11-3-7)，否則可能會落得刀毀機亡的下場。系統的預設值
　　　是刀具直徑的 50%，所以應該可以永保安康。

② [**最大半徑**]：設定螺旋下刀的最大半徑。使用預設值就可以了(刀
　　具直徑的 100%)。

③ [Z 方開始位置(增量)]：設定螺旋下刀的起點與最近要加工表面的距離。

Z方向開始螺旋位置(增量)

最近工件表面

每層切深

④ [XY 安全間距]：設定螺旋下刀時，刀具離挖槽的精修邊界有多少距離。

⑤ [進刀角度]：設定螺旋的漸降角度。建議設定 3 到 5 度之間。

⑥ [以圓弧進給(G2/G3)輸出]：將螺旋下刀路徑以圓弧的方式(G02,G03)輸出到 NC 程式。如果沒有選取此參數，那螺旋路徑會打斷為直線段而輸出。目前大部分的控制器可以接受 G02/G03 的螺旋指令，所以這參數幾乎是要打勾的；如果控制器無法接受 G02/03 螺旋指令，那參數不能打勾，否則機台會阿郎！。

⑦ [公差]：設定以直線段來模擬螺旋下刀的誤差值。

⑧ [將進刀點設為螺旋中心]：如果選取挖槽邊界時有選取到存在點，作為挖槽的指定下刀點，這參數會在外形的區域內尋找第一個串連存在點作為螺旋下刀的中心。

⑨ [方向]：設定螺旋下刀時是以順時鐘(CW)或逆時鐘(CCW)下刀。預設值是順時鐘。

⑩ [沿著邊界漸降下刀]：這參數會使刀具沿著邊界外形漸降下刀，以取代螺旋下刀。

⑪ [只有失敗時採用]：這參數可使[沿邊界漸降下刀]的設定只有在系統計算出無法螺旋下刀時，才以沿邊界斜降方式下刀。系統在[最小半徑]與[最大半徑]之間無法產生螺旋時，稱為螺旋下刀失敗。

⑫ [**如果長度超過**]：這是沿邊界下刀的最小長度設定值。如果系統計算的沿邊界漸降下刀之路徑長度小於這設定值時，也稱爲下刀失敗。設定這長度的理由是爲了保護刀具，避免刀具以幾近垂直方式下刀。

⑬ [**如果所有進刀都失敗時**]：如果系統無法計算出螺旋下刀或是沿邊界下刀失敗時，以下的選項會被系統使用：

　a.　**垂直下刀**：在挖槽刀具路徑的起點直接下刀。

　b.　**中斷程式**：忽略最近無法下刀的挖槽區域並移到刀具路徑中下一個可以下刀的區域繼續加工。

　c.　**儲存未加工區**：將所忽略的挖槽區域邊界儲存爲圖素。

　d.　**域之邊界**：只有在程式中斷有設定時,這參數才可選用。

⑭ [**進刀採用的進給率**]：設定螺旋下刀的進給率，有二個選項供選擇：[下刀速率]和[進給率]。筆者大都選取[下刀速率]，而且會將[下刀速率]設爲[進給率]的 50～60%。

⑮ **螺旋式漸降斜插**：對話窗如圖 11-3-8。

圖 11-3-8

a. [**最小長度**]：輸入刀具直徑百分比或距離作為斜插下刀的最小長度。

b. [**最大長度**]：輸入刀具直徑百分比或距離作為斜插下刀的最大長度。

c. [**Z 軸開始位置(增量)**]：設定斜插下刀的起點與最近要加工表面的距離。

d. [**XY 安全間距**]：設定斜插下刀時，刀具離挖槽的精修邊界有多少距離。

e. [**進刀角度**]：設定斜插的漸降角度(如圖 11-3-9)。

f. [**退刀角度**]：也是設定斜插的漸降角度(如圖 11-3-9)。

圖 11-3-9

g. [**自動計算角度**]：這參數不是自動計算插入插出角度。而是自動設定斜插下刀在 **XY** 平面的行進方向。系統以挖槽外形的最長區域方向為斜線下刀的方向。如果有選取自動角度，那[**XY 角度**]就不能輸入。

h. [**XY 角度**]：設定斜線下刀在 XY 平面的行進方向。

i. [**附加溝槽寬度**]：加大斜插下刀的加工寬度，使刀具可較平滑移動和排屑，在高速加工上可得較佳的效果。

j. [**斜插位置與進入點對齊**]：挖槽有指定下刀點時，這參數會調整斜線下刀的位置與設定的下刀點(串連的第一個存在點)對齊，也就是斜線下刀的延伸方向會通過下刀點。

k. [**方向**]：設定斜線下刀時是以順時鐘(CW)或逆時鐘(CCW)下刀.這參數只有在"附加的槽寬"的值大於 0 時才有作用。

l. [**如果斜插下刀失敗**]：說明同螺旋式下刀。

m. [**進給率**]：說明同螺旋式下刀

n. [**由進入點執行斜插**]：在指定下刀點位置斜插下刀。

o. [**高速切削**]：當挖槽粗加工的切削方式選擇[高速切削]時(如圖 11-3-10)，系統開啟[高速切削]鈕供使用者設定高速切削的參數。

圖 11-3-10

在高速切削參數中有三種切削方式，茲說明如下：

(1) **關**：不使用擺線式切削方式，只在內轉角處插入以[角落平滑半徑] 值為圓弧的路徑(如圖 11-3-11)。所以選取這選項時，只有角落平滑 半徑欄位可供輸入。角落平滑有二個作用：減少刀具在轉角處的負 荷和使路徑更平順。

圖 11-3-11

(2) **只有滿刀切削時**：只有在刀具與材料的橫向接觸長度大於刀具路徑 間距的地方以擺線式路徑加工(如圖 11-3-12)，其它仍以一般路徑 (直線式)加工。選取這功能，系統開啟[迴圈半徑]、[迴圈間距]和[角 落平滑半徑]等欄位供使用者設定。一般建議迴圈間距不要大於切 削間距，而迴圈半徑和迴圈間距值設定一樣即可。

圖 11-3-12

(3) **整個區域**：整個挖槽面積都以擺線切削方式加工。

2. **精加工**

(1) [**次數**]：設定修邊次數。

(2) [**間距**]：這參數決定每一次修邊的切削量，請勿輸入 0。

(3) [**精修外邊界**]：如果這參數有打勾，那挖槽的外形和島嶼都會修邊。如果沒有打勾，那僅會對島嶼修邊。這預設值是打勾。挖槽型式是[邊界再加工]時，這參數不要打勾。

(4) [**由最靠近的圖素開始精修**]：這參數會使修邊路徑從最接近粗加工結束之地點的圖素開始修邊。如果未開啟這功能，那修邊路徑會以串連選取圖素的第一個圖素的中點作為精修路徑的進刀點。由於粗銑路徑結束的地方，常是挖槽外形的角落，而這角落常不適合作刀具路徑的進/退刀(這角落區域可能較窄)，建議如果精修路徑有設定[進/退刀向量]時，最好這功能不要打勾。

(5) [**不提刀**]：設定在修邊路徑之間是否要提刀。預設值沒有打勾。

(6) [**刀具補正方式**]：設定修邊路徑的補正方式。請參閱第 10 章外形銑削的[補正型式]的說明。

(7) [**使控制器補正最佳化**]：如有打勾，Mastercam 會忽略刀具路徑中小於或等於刀具半徑的圓弧(朝補正方向補刀具半徑會形成負 R 的圓弧)，以避免過切或機台警示。所以作[控制器補正]時，[路徑最佳化]最好要打勾。

(8) [**只有在最後深度才執行一次精修**]：這參數與分層銑削有關，它會通知系統在挖槽的最後深度時才執行修邊。如果沒開啟這功能，那會在每一層深度執行修邊。

(9) [**完成所有槽的粗銑後才執行分層精修**]：這選項通知系統在所有區域的粗銑加工完成後，才執行修邊。如果未選取這功能，每一次粗銑後，即執行修邊。

(10) [**進/退刀向量**]：請參閱第 10 章外形銑削的[進/退刀向量]的說明。

11-4 範例（挖槽）

本節將以（圖 11-4-1）的成品圖為範例，示範挖槽的操作步驟。但是將不示範 6mm 圓的鑽孔，留待下一章鑽孔再作介紹。在第 4 章的 4-8 節已為這工件繪製了加工圖 4-8.MCX 將以 4-8 圖檔來說明：

圖 11-4-1

操 作 步 驟

步驟 1 讀入光碟\範例圖檔\第 4 章\4-8.MCX

步驟 2 選取要加工的外形

筆者以加工整個挖槽輪廓作解說，想了解只加工部分挖槽的操作步驟，請參閱 11-3 節。

1. 從主功能表選取[刀具路徑]→[挖槽]。

2. 因圖面要挖不同深度，有兩種圖面作法第一種將不同深度圖面交點處打斷另一種將不同深度複製圖素至深度層，範例選擇第一種在交點處打斷。

3. 先將圖素在交點處打斷，以選取挖槽輪廓圖素(如圖 11-4-2 所示)(被選取圖素會反黃，表示被選取了(如圖 11-4-3 所示))。

圖 11-4-2

圖 11-4-3

步驟 3 設定[刀具參數]頁

1. 開啟挖槽對話窗(如圖 11-4-4)。

2. 串連第一層挖槽圖素(如圖 11-4-5)。

3. 對話窗裡刀具點取對話窗左上角的刀具標籤(如圖 11-4-6)建立新刀具。

圖 11-4-4

圖 11-4-5

圖 11-4-6

步驟 4 設定切削參數

步驟 5 設定粗加工

步驟 6 設定精加工

步驟 7　設定進/退刀向量路徑

步驟 8　設定分層切削

步驟 9　設定路徑連結參數

步驟 10　設定路徑模擬及素材

步驟 11 設定素材大小

步驟 12 執行實體切削驗證

步驟 13 選擇第二層切削輪廓

步驟 14 設定路徑連結參數

步驟 15 關閉分層切削

步驟 16 執行實體切削驗證

步驟 17 | 執行面銑刀功能設定(銑出外邊界)

步驟 18 | 切削參數設定

步驟 19　深度切削設定

步驟 20　路徑連結參數設定

步驟 21 執行實體切削驗證

步驟 22 模擬完成結果

12 CH

鑽孔

學習目標

1. 選取鑽孔座標

2. 調整鑽孔順序

3. 設定鑽孔參數

4. 調鑽孔深度和提刀高度

🧩 12-1　鑽孔位置選擇的方法

　　如何選取正確的鑽孔位置和設定適當的鑽孔參數是產生鑽孔程式的重點。本章的範例也將介紹一個在鑽孔應用上很方便的 C-hooks 功能(Hole Table)。

　　從主功能表上選取[刀具路徑]→[鑽孔]後，即進入[點之管理]功能表(如圖 12-1-1)，要求使用者選取一種選取鑽孔座標的方法，這功能表內的功能說明如下：

圖 12-1-1

1. [**手動**]：提供[抓點方式]功能表供使用者在繪圖區選取鑽孔座標，較適合於鑽孔點數少和不容易產生誤選的情形下使用。

2. [**自動**]：供選取一序列的存在點以產生鑽孔路徑。選取的方式為：選取第一點作為系統搜尋的起點，選取第二點作為搜尋方向，選取第三點作為搜尋的終止點(如圖 12-1-2)。這功能必需在繪圖區有存在點才能使用。

圖 12-1-2

3. **[圖素]**：供選取圖素(存在點、圓弧、直線和曲線)以定義鑽孔位置；鑽點的位置會在直線、非封閉弧和曲線的端點上。如選取全圓則鑽點會在圓心。而鑽孔順序是以被選取圖素的產生先後順序來鑽孔。在主功能表選取[刀具路徑]→[鑽孔]後，其實就已經在[選圖素]的模式中，使用者可以直接在繪圖區選取圖素。

4. **[視窗選點]**：以窗選的方式選取一群存在點以產生鑽孔路徑；至於鑽孔的順序則以存在點產生的先後為順序。

5. **[限定半徑]**：供以選取指定的圓弧、搜尋誤差來自動在螢幕上選取的圓弧來鑽孔。這功能最常用，將在範例一中示範使用方法。

6. **[選擇上次]**：這功能會再選取上一次鑽孔操作的點位置作為這一次鑽孔操作的鑽點。

7. **[排序]**：這功能可將已選取好的鑽孔位置調整鑽孔順序。選取這功能會出現[點的順序]對話視窗(如圖 12-1-3)，這對話視窗對所選取的鑽點提供

圖 12-1-3

各種不同的排列選項，計有[**2D 排序**]、[**旋轉排序**]和[**交叉斷面排序**]三種方法；而每個方法各有 12 至 17 種不同的順序。原則上[**2D 排序**]適合於平面網格狀鑽孔的排序；[旋轉排序]則較適合於平面圓周狀鑽孔的排序；至於"交叉斷面排序"適合於在圓柱上(第四軸)的鑽孔排序。鑽孔起點以紅色點顯示。

8. [**編輯**]：只有在鑽點被選取後，鑽孔功能表上的[編輯]選項才可使用。當選擇[編輯]功能時，會出現如圖 12-1-4 所示的功能表，這功能表提供對鑽孔路徑作調整的功能。

圖 12-1-4

(1) **跳躍高度**：這功能可以改變指定鑽點的安全高度。在鑽孔加工中，有時必須將某些鑽點的安全高度提高。例如：可能有固定壓板在鑽孔路徑中，若不改變安全高度會造成刀具會撞及壓板。增加鑽孔位置。

(2) **深度**：可改變所選取的鑽點深度。

(3) 切換①(只更改選取的點) 切換✳(隨後點全部都更致)。

9. 選取鑽孔位置的選擇。

① **網格**：產生網格狀的鑽點。產生網格式鑽孔點的有關參數如圖
12-1-5。

圖 12-1-5

② **圓周點**：產生繞著指定半徑圓排列的鑽孔點。圓周點的有關參
數如圖 12-1-6。

圖 12-1-6

12-2 鑽孔參數

1. **安全高度**：安全高度是每一個操作的起始高度，每一個操作要開始執行時，刀具會先下刀到此高度，操作結束時也會移動到此高度。這參數如有打勾，刀具先從換刀高度下降(以 G0)到安全高度，再下降到參考高度(以 G0)才開始鑽孔，NC 程式可以以 G98 模式或 G99 二種模式來鑽孔([**只有在開始及結束的操作才使用安全高度**]是否打勾而定)。[安全高度]如沒有打勾，刀具會從換刀高度直接下降到參考高度開始鑽孔，NC 程式則以 G99 模式鑽孔，二個鑽點之間以[**參考高度**]來移動(如圖 12-2-1)。

以**增量座標**設定安全高度時，是以[**工件表面**]為基準，往上設定安全高度。

圖 12-2-1

2. **只有在開始及結束的操作才使用安全高度**：這參數只有在[安全高度]打勾時，才會開啓。這個參數有打勾時，刀具在一開始會將下降到安全高度，但孔與孔之間的移動，刀具以參考高度(在鑽孔的 NC 程式稱爲 R 點高度)移動(G99)(如圖 12-2-2 的左圖)；這參數若沒有打勾，則輸出 G98，孔與孔之間以安全高度移動(如圖 12-2-2)。

以**增量座標**設定參考高度時，是以[**工件表面**]爲基準，往上設定參考高度。

圖 12-2-2

3. **參考高度**：設定鑽孔的 R 點高度。R 點是鑽頭開始以 F 進給率鑽孔的高度。

4. **工件表面**：[工件表面]是設定材料在 Z 軸的高度。

以增量座標設定工件表面時，以選取的鑽孔點為基準，來設定工件表面

5. **深度**：設定鑽孔深度。

以**增量座標**設定鑽孔深度時，以選取的鑽孔點為基準，來設定設定鑽孔深度。

6. 　▦　(深度計算機)：這功能用在產生鑽孔的倒角時，非常好用，它可以計算出倒角的刀具深度，適用的刀具有點鑽、魚眼孔鑽和倒角刀。在計算機圖示上點一下滑鼠左鍵，進入[深度的計算]設定視窗(如圖 12-2-3)。

圖 12-2-3

在這視窗中主要是以[**刀具直徑**] [**刀尖的角度**]、[**精修的直徑**]和[**刀尖直徑**]這四個參數來計算出鑽孔深度(如圖 12-2-4)。[**使用目前的刀具值**]有打勾的話，系統會以目前操作所選用刀具的刀尖角度作為角度輸入值；如沒有打勾的話，使用者可以在視窗中修改刀尖角度。

計算出來的深度值，可以選用[**增加深度**]以將參數頁所設定的鑽孔深度加上這視窗的深度值，成為刀具的實際鑽孔深度。也可以選用[**覆蓋深度**]以這視窗的深度值取代參數頁設定的鑽孔深度。

注意：設定爲[**增加深度**]時，在同一操作中,每次進入這視窗並選取[**確定**]鈕，會讓參數頁的鑽孔深度再加一次深度計算機的深度，造成錯誤的鑽孔深度，這一點使用者要小心。

圖 12-2-4

7. **使用副程式**：讓 NC 程式以主、副程式的方式輸出 NC 程式(如圖 12-2-5)。

```
        %
   ┌─  01000
   │   G0G17G40G49G80G90
   │   T1M6
   │   G0G90G54X-31.572Y30.77
   │   S2000M3
   │   G43H1Z100.
   │   G98G81Z-5.R2.F100.
主程式 ┤   M98P1001
   │   G80
   │   G90X-16.054Y55.118
   │   G98G81Z-3.R2.F100
   │   M98P1002
   │   G80
   │   M5
   │   G91G28Z0.
   └─  M30

   ┌─  01001
   │   G90
副程式 ┤   X-35.853Y-14.983
   │   X-4.281Y-11.505
   │   X.268Y23.545
   └─  M99

   ┌─  01002
   │   G90
   │   X32.91Y50.837
副程式 ┤   X33.445Y28.094
   │   X30.502Y6.689
   │   X68.228Y1.07
   └─  M99
        %
```

圖 12-2-5

8. **鑽頭尖部補償**：刀尖補償功能可以控制鑽頭刀尖貫穿工件底部的距離。鑽頭尖部補償有打勾時，真正的鑽孔深度是[深度+貫穿距離+刀尖長度]。

(1) **刀具直徑**：顯示使用的鑽頭直徑。

(2) **貫穿距離**：設定鑽頭貫穿材料底部的距離。真正的鑽孔深度會加上這值。

(3) **刀尖長度**：系統會由刀具直徑和刀尖角度來自動算出刀尖長度。

(4) **刀尖角度**：輸入鑽頭的鑽尖角度。一般鑽頭為 118 度。系統會以這值與鑽頭直徑來計算刀尖長度。

9. **鑽孔循環**：鑽孔循環參數提供七種鑽孔循環和十三種自定循環供選擇。請用拖拉功能表來選取以下其中一種選項：

(1) **深孔鑽 G81/G82(Drill/Counterbore)**：從參考高度開始，以不提刀方式鑽到孔底。建議鑽孔深度小於鑽頭直徑 3 倍以內，和鑽頭直徑大於 3mm 以上才可以使用這功能鑽孔。

(2) **深孔啄鑽(G83)**：供鑽孔深度大於鑽頭直徑 3 倍以上的鑽孔使用。當提刀退屑時,鑽頭會完全退出孔外(升到參考高度)後再下刀。常用於難以排屑的加工。

   註記：刀具路徑模擬時，每次啄鑽的提刀動作不會顯示。

(3) **斷屑式(G73)**：供鑽孔深度大於鑽頭直徑 3 倍的鑽孔方式使用。鑽頭以稍微提刀方式來斷屑。

(4) **攻牙(G84)**：攻製內左或右螺紋孔。

(5) **搪孔#1(G85 進給退刀)**：以進給速率下刀及退刀的方式搪孔，可產生直且表面平滑的孔。

(6) **搪孔#2(快速退刀)**：以進給速率下刀、主軸停止及快速提刀的方式搪孔。

(7) **精搪孔(刀具偏移)**：搪到孔底後，主軸停止，主軸轉旋到一方向定位、搪刀刃口偏離孔壁後，快速提刀。

(8) **其它#2 和自設循環 9 至 20**：使用鑽孔自設循環參數來鑽孔，請參閱"自設循環參數"。

① **首次切量**：設定第一次啄鑽時的鑽入深度。啄鑽方式是供鑽頭退屑及排屑之用。請為首次切量在欄位中輸入一數值。如使用 FANUC 和三菱控制器時，鑽孔循環的 Q 值由這欄位決定(如圖 12-2-6)。

圖 12-2-6

② **副次切量**：設定首次切量之後所有的每次啄鑽量。對一般 FANUC 和三菱控制器上的 NC 程式，這欄位沒有作用。

③ **安全餘隙**：安全餘隙是指每次啄鑽鑽頭快速下刀到某一深度時，這一深度與前一次鑽深之間的距離稱為安全餘隙。對 FANUC 和三菱控制器而言，這欄位沒有作用，因為安全餘隙是由控制器上的參數設定的。

④ **啄孔後回縮量**：指鑽頭每作一次啄鑽時的提刀距離。對 FANUC 和三菱控制器這欄位沒有作用，因為回縮量由控制器上的參數設定。

回縮量與安全餘隙之間關係

⑤ **暫留時間**：設定鑽頭鑽至孔底時，鑽頭在孔底的停留時間(單位：秒)。

⑥ **提刀偏移量**：單刃搪刀在搪孔後提刀前，為避免刀具刮傷孔壁，可將刀具偏移一距離以遠離圓孔內面後再提刀。此參數設定偏移距離，且僅適用於搪孔(G76)加工。

對 FANUC 和三菱控制器這欄位沒有作用，提刀偏移量也是由控制器上的參數設定。

12-3 範例一

操 作 步 驟

步驟 1 **讀取圖檔(光碟中的\範例圖檔\第 12 章\範例一)**

1. 選取[回主功能表]→[檔案]→[取檔]。

2. 在光碟片的\範例圖檔\第 12 章的資料夾中選取範例一圖檔。

3. 讀取的圖檔顯示如圖 12-3-1。

板厚: 12mm

註: 所有直徑6mm孔需絞孔(H7配合公差)

圖 12-3-1

步驟 2 **統計圓孔**

由於圖中沒有標示孔徑，以分析功能一個一個孔檢查也太慢。Mastercam 提供一個 C-Hook 功能：HoleTable.dll 供使用者統計繪圖區全圓的資料(弧不會被統計)。

1. 選取鍵盤上的[Alt+C]鍵在 C-Hook 讀取視窗選取 HoleTable.dll 檔。在主功能表上出現[統計全圓資料]功能表(如圖 12-3-2)，並且在提示區顯示這功能表選項的設定狀況(如圖 12-3-3)，系統預設值是將標籤位置設在圓心，孔徑以直徑(Diameter)輸出。

圖 12-3-2

在主功能表選取[標籤位置]時，會將標籤位置在**端點**與**圓心**這二個之間切換(提示區會顯示設定狀況)；[直徑列表]選取輸出格式孔徑會是 Diameter(直徑)，關閉爲 Radius(半徑)。

註：MastercamX3 以上版本的讀者請以按[Alt+C]鍵的方式進入統計全圓的功能。

2. 另將[把標籤放在圓中心]打開設爲"**圓心**"如關閉爲端點。

3. 提示區提示：請選取放置統計表之位置。請在如圖 12-3-3 的 P1 大概位置點一下滑鼠左鍵，會出現一個統計表(如圖 12-3-4)，並且主功能表詢問是否要接受這結果？請選取[是]。

圖 12-3-3

圖 12-3-4

Mastercam 統計出目前繪圖區有直徑 3mm 圓孔 12 個(以 A 標示)、6mm 圓孔
6 個(以 B 標示)、12mm 圓孔有 7 個(以 C 標示)。統計表和 A、B 和 C 標籤都
是以註解文字形式顯示的繪圖區。

步驟 3　選取所有的圓弧產生中心鑽刀具路徑

1.　改變作圖層到第 1 層，並將第 2 層關閉，不顯示圓孔統計表。

2.　選取[回主功能表]→[刀具路徑]→[鑽孔]→[選圖素]→[所有的]→[圓弧]
　　→[執行]。

　　Mastercam 依全圓的繪製順序來排列鑽孔順序(如圖 12-3-5)，第一個鑽孔
　　位置以紅色十字顯示。主功能表自動回到[點之管理]功能表(如圖
　　12-3-6)，以供使用者再增選鑽孔位置或調整鑽孔順序。

圖 12-3-5

圖 12-3-6

注意：以[選圖素]→[所有的]→[圓弧]來選取鑽孔位置時，由於弧也包含內，在繪圖區裡有弧存在時，請先將弧隱藏或刪除，否則會在弧的二端點產生鑽孔路徑。

3. 調整鑽孔順序：選取主功能表上的[選項]，進入[點的順序]設定視窗。選取以右下角起始鑽孔位置、往+Y 方向雙向鑽孔的圖示(如圖 12-3-7)後，選取[確定]鈕，結束[點的順序]設定。

圖 12-3-7

4. 鑽孔順序經調整後顯示如圖 12-3-8。

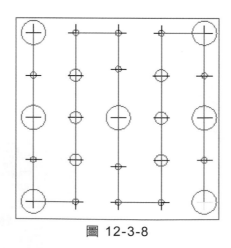

圖 12-3-8

5. 完成以上鑽孔位置的選取和鑽孔順序的調整後，選擇主功能表上的[**執行**]
選項，進入鑽孔參數設定(如圖 12-3-9)。

圖 12-3-9

6. 滑鼠移動到刀具顯示區，按下滑鼠右鍵，在右鍵功能表中選取[建立新的
刀具]。

7. 系統進入[定義刀具]視窗，刀具型式請選取"**點鑽**"(如圖 12-3-10)。

8. 在刀具尺寸設定畫面的直徑欄位中輸入 6.25 (如圖 12-3-11)。

圖 12-3-10

圖 12-3-11

9. 選取[參數]標籤，[進給率]輸入：100，主軸轉速輸入：1000(如圖 12-3-12)。
   其它的欄位不用改。選取[確定]鈕，結束定義刀具。

圖 12-3-12

10. 操作畫面回到[刀具參數]，其內容如圖 12-3-13。

圖 12-3-13

11. 選擇[深孔鑽]標籤，將鑽孔參數設定如圖 12-3-14，鑽孔循環選取[深孔鑽 G81/G82]。

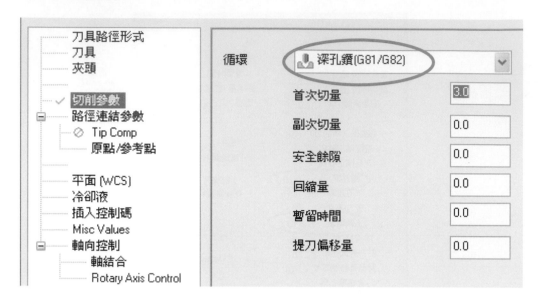

圖 12-3-14

12. 選擇[確定]鈕。鑽孔路徑產生如圖 12-3-15。

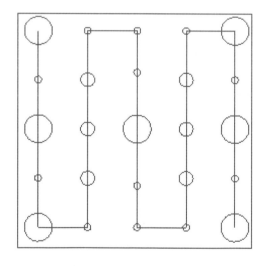

圖 12-3-15

步驟 4　**產生 φ3mm 鑽孔路徑(以[限定半徑]來選取鑽孔位置)**

1. 請按下[Alt+T]鍵，不顯示刀具路徑。當畫面中有顯示刀具路徑時，可以按下[Alt+T]鍵來切換刀具路徑是否顯示，以免圖形看起太複雜。

2. 將第 2 層打開，顯示圓孔統計表。

3. 選取[鑽孔]→[限定半徑]，提示區要求選取基準圓弧。請選取任一個標示 A 的圓。

4. 提示區提示：公差:預設值是 0.02，請按下[Enter]鍵接受這預設值，表示希望 Mastercam 找出與基準圓弧半徑誤差在 0.02 的圓。另外，如果基準圓弧使用者選取的是弧，Mastercam 只會找出半徑誤差內的弧；如果基準圓弧選取的是圓，它只會找出誤差內的圓。

5. 在主功能表上選取[所有的]→[圓弧]→[執行]。[限定半徑]這功能所選取的圓孔如圖 12-3-16，它選取了所有直徑 3mm 的圓。

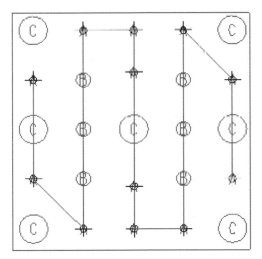

圖 12-3-16

6.　選取主功能表上的[執行]選項，結束鑽孔位置的選取，進入鑽孔參數設定頁（如圖 12-3-17）。

圖 12-3-17

7.　滑鼠移動到刀具顯示區，按滑鼠右鍵在右鍵功能表中選擇[建立新刀具]。

8.　在[定義刀具]視窗中[刀具類型]請選取"鑽孔"(如圖 12-3-18)。

圖 12-3-18

9.　鑽頭直徑請輸入 3(如圖 12-3-19)。

圖 12-3-19

10.　選取[定義刀具]視窗中的[參數]標籤，在[進給率]欄位輸入 140，[主軸轉速]輸入：1800，其它的欄位不用改(如圖 12-3-20)。

圖 12-3-20

11. 選取[確定]鈕結束[定義刀具]的設定。畫面回到鑽孔的刀具參數視窗(如圖 12-3-21)，刀具顯示區新增了 2 號刀 φ3mm 鑽頭。

圖 12-3-21

12. 選擇切削參數標籤，請將鑽孔參數設定如圖 12-3-22 所示內容。由於鑽孔 12mm 深，鑽孔循環選取[深孔啄鑽(G83)]。φ3 孔要貫穿板厚，所以先將[**刀尖補償**]鈕「打勾」，進入刀尖補償設定。

圖 12-3-22

13. [貫穿距離]輸入 2(如圖 12-3-23)，選擇[確定]鈕，結束刀尖補償設定。3mm
   鑽頭的實際鑽深 = 12 + 2 + 0.90129 ≒ 14.9。

圖 12-3-23

14. 系統回到鑽孔參數視窗，選擇[確定]鈕。第二把刀 φ 3mm 鑽頭刀具路徑
   顯示如圖 12-3-24。

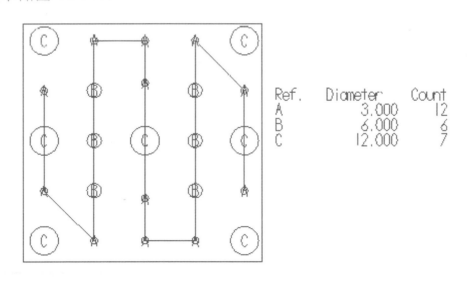

圖 12-3-24

步驟 5 **產生 φ 6 孔的鑽孔路徑(以 φ 5.8 鑽頭鑽孔)**

1. 選取主功能表上的[鑽孔]，移動游標到繪圖區直接選取所有標示 B 的圓 (共有 6 個)，被選取的圓會反白顯示，Mastercam 會以這些被選取圓的圓心來鑽孔。選取完後請選取主功能表上的[**執行**]選項，Mastercam 顯示鑽孔位置和順序如圖 12-3-25。

圖 12-3-25

2. 再選取主功能表上的[**執行**]選項，結束鑽孔位置的選取，進入鑽孔參數設定視窗。

3. 產生直徑 5.8 鑽頭的鑽孔路徑，其[切削參數]和[路徑連結參數]設定分別如圖 12-3-26 和圖 12-3-27。

圖 12-3-26

圖 12-3-27

步驟 6　產生 φ6 絞孔路徑

由於直徑 6mm 絞孔的鑽孔位置和直徑 5.8mm 鑽孔操作相同，我們可以用[關聯操作]來將 φ5.8 孔的操作，以供 φ6 絞刀使用。

1.　在主功能表上選取[操作管理]選擇 φ5.8 孔的操作按滑鼠右鍵不放拖拉至下方選擇複製之前或之後。顯示選取視窗(如圖 12-3-28)。

圖 12-3-28

選取參數：畫面進入[刀具參數]設定視窗，請增加一把直徑 6mm 絞刀(如圖 12-3-29)。

圖 12-3-29

2. 鑽孔參數請設定如圖 12-3-30。

圖 12-3-30

3. 選取[確定]鈕，結束直徑 6mm 絞刀的刀具路徑設定。

4. φ6 紋刀的刀具路徑即出現在操作管理員中(如圖 12-3-31)。

圖 12-3-31

步驟 7　產生 φ12 的鑽孔路徑

1. 以步驟 5 相同選取 φ12 孔徑做鑽孔。

2. 模擬如圖 12-3-32。

圖 12-3-32

12-4 範例二

範例二將示範如何在如圖 12-4-1 所示的工件，在不同的面上各攻三個 M6×1.0-20 梁的牙和如何使用[深度計算機]來計算倒角的鑽孔深度。

使用刀具:
T1: 直徑10mm點鑽

T2: 直徑5.1鑽頭

T3: M6牙刀

圖 12-4-1

 操 作 步 驟

步驟 1　**讀取圖檔**（光碟中的\範例圖檔\第 12 章\範例二）

1.　請先開啟一新檔。

2.　選取[回主功能表]→[檔案]→[取檔]。

3.　在光碟片的\範例圖檔\第 12 章的資料夾中選取[範例二]圖檔，讀取的圖檔顯示如圖 12-4-1。

步驟 2　產生點鑽的刀具路徑

1. 由於圖形是以直線和要鑽孔的圓所組成，沒有其它的弧；我們可以以選取所有的圓弧的方式來選取鑽孔位置。請選取[回主功能表]→[刀具路徑]→[鑽孔]→[選圖素]→[所有的]→[圓弧]→[執行]，繪圖區上顯示鑽孔位置和順序(如圖 12-4-2)

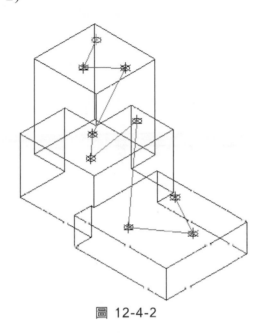

圖 12-4-2

2. 接受目前的鑽孔順序，選取[執行]選項，進入刀具參數設定視窗（如圖 12-4-3）。

圖 12-4-3

3. 滑鼠移動到刀具顯示區，按滑鼠右鍵會出現右鍵功能表，選擇[建立新的刀具]。

4. 在[定義刀具]視窗中[刀具型式]請選取"**點鑽**"(如圖 12-4-4)。

圖 12-4-4

5. 刀具直徑輸入 10，刀尖角度請輸入 90 度(如圖 12-4-5)。

圖 12-4-5

6. 選取[**參數**]標籤，將[進給率]設為 100，[主軸轉速]設為 1000，其它的欄位不用改(如圖 12-4-6)後，選取[完成]鈕，結束定義刀具。

圖 12-4-6

7. 畫面回到[刀具參數]視窗，其內容如圖 12-4-7。

圖 12-4-7

8. 選擇[**深孔鑽-無啄鑽**]標籤,請將鑽孔參數設定如圖 12-4-8。

圖 12-4-8

9. 由於這些孔目標是要攻牙,我們可以將中心鑽鑽深一點,以先產生 M6 孔的倒角。選取[深度計算機]圖示,進入[深度的計算]視窗,請視窗內容設定如圖 12-4-9 後,選取[確定]鈕。

圖 12-4-9

10. 鑽孔參數中的[深度]值結果變更為－2.133(如圖 12-4-10)。

圖 12-4-10

11. 選取[確定]鈕，完成點鑽刀具路徑如圖 12-4-11。讀者可以將螢幕視角切換到前視圖，路徑模擬的情形如圖 12-4-12。

圖 12-4-11

圖 12-4-12

步驟 3 產生直徑 5.1mm 鑽頭的刀具路徑

1. 選取[回主功能表]→[刀具路徑]→[操作管理]。開啓[操作管理員]對話窗
    (如圖 12-4-13)。

圖 12-4-13

2. 請在操作管理員中複製一個中心鑽的操作，結果如圖 12-4-14。複製操作的步驟。

圖 12-4-14

3. 選取第 2 個操作的參數圖示(如圖 12-4-14 所示)，進入刀具參數設定視窗(如圖 12-4-15)。

圖 12-4-15

4. 請以建立新刀具的方式產生直徑 5.1mm、進給率：130、主軸轉速：1400的鑽頭。使刀具參數視窗如圖 12-4-15。

5. 將切削參數及路徑連結參數設定如圖 12-4-16。

循環	斷屑式(G73)
首次切量	3.0
副次切量	0.0
安全餘隙	0.0
回縮量	0.0
暫留時間	0.0
提刀偏移量	0.0

☑ 安全高度 50.0
◉絕對座標 ○增量座標
□只有在開始及結束的操作才使用安全高度

參考高度 25.0
○絕對座標 ◉增量座標

工件表面 0.0
○絕對座標 ◉增量座標

深度 -20.0
○絕對座標 ◉增量座標

圖 12-4-16

6. 選擇[確定]鈕,結束鑽孔參數的設定,畫面回到操作管理員(如圖 12-4-17)。

圖 12-4-17

7. 選取操作管理員上的[重新計算]鈕，將第二個操作重新計算，即產生直徑 5.1 鑽頭的刀具路徑。

步驟 4 | 產生 M6 攻牙的刀具路徑

1. 再於操作管理員中以第 2 個操作為複製對象，產生第 3 個操作(如圖 12-4-18)。

圖 12-4-18

2. 選取第 3 個操作的參數圖示，進入參數設定視窗。

3. 滑鼠移動到刀具顯示區，以[建立新刀具]的方式進入[定義刀具]視窗。刀具型式請選取[右牙刀](如圖 12-4-19)。

圖 12-4-19

4.　刀具直徑請輸入 6，間距請輸入 1(如圖 12-4-20)，[間距]設定牙刀的螺紋
　　間距，它非常重要，系統會用它來計算進給率或主軸轉速。

圖 12-4-20

5. 選取[確定]鈕，結束[定義刀具]視窗。

6. 畫面回到刀具參數設定頁(如圖 12-4-21)。刀具顯示區多了第 3 號 6mm 的右牙刀，但刀具的進給率顯示 0.25、主軸轉速：0，這是因為剛剛在[定義刀具]時沒有設定的關係。

圖 12-4-21

請在[主軸轉速]欄位中輸入 400，再以游標在[進給率]的欄位內點一下，進給率欄位內即出現 400(如圖 12-4-22)，Mastercam 會以
[主軸轉速]×[螺紋間距]＝[進給率]的公式自動計算出進給率。

圖 12-4-22

7. 將鑽孔參數設定如圖 12-4-23，鑽孔循環選取[攻牙 G84]，參考高度建議設高一點，筆者的習慣是螺紋間距的 5 倍，以使主軸在正反轉時有足夠的加速距離。

循環　攻牙(G84)

首次切量	5.0
副次切量	0.0
安全餘隙	0.0
回縮量	0.0
暫留時間	0.0
提刀偏移量	0.0

☑ 安全高度　50.0
◉ 絕對座標　○ 增量座標
☐ 只有在開始及結束的操作才使用安全高度

參考高度　5.0
○ 絕對座標　◉ 增量座標

工件表面　0.0
○ 絕對座標　◉ 增量座標

深度　-15.0
○ 絕對座標　◉ 增量座標

圖 12-4-23

8. 設定完後選擇[確定]鈕，回到[操作管理員]對話窗(如圖 12-4-24)。

圖 12-4-24

9. 選取[重新計算]，即產生 M6 攻牙路徑。

步驟 5　模擬實體驗證刀具路徑

1. 選擇實體驗證(如圖 12-4-25)。
2. 選擇選項。
3. 選擇實體。

圖 12-4-25

4　選擇選項。

5.　選取圖面的實體(如圖 12-4-26)。

6.　執行模擬(如圖 12-4-27)。

圖 12-4-26

圖 12-4-27

12-5 範例三

範例三將示範如何在一個鑽孔操作中調整部分鑽孔的安全高度和鑽孔深度。以圖 12-5-1 為例，鑽孔時橫越過壓板的鑽孔路徑，會將其安全高度調整高於壓板；另外產生不同的鑽孔深度也將是本範例的說明重點。

壓板

圖 12-5-1

 操 作 步 驟

步驟 1 讀取圖檔（光碟中的\範例圖檔\第 12 章\範例三）

1. 選取[回主功能表]→[取檔]。
2. 在光碟片的**範例圖檔\第 12 章**資料夾中讀取[範例三]圖檔。
3. 讀取的圖檔顯示如圖 12-5-2。

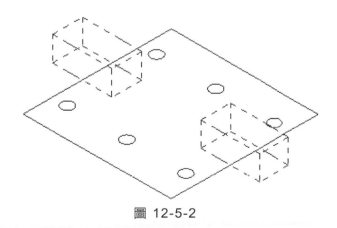

圖 12-5-2

步驟2 檢查刀具路徑

1. 選取[回主功能表]→[刀具路徑]→[操作管理員]，操作管理員對話窗顯示如(圖 12-5-3)，裡面有一個直徑 12mm 鑽頭的鑽孔路徑，刀具路徑顯示如(圖 12-5-4)另實體驗證路徑顯示如(圖 12-5-5)

圖 12-5-3

刀具會撞到壓板

圖 12-5-4

圖 12-5-5

步驟 3 改變提刀高度

1. 選取鑽孔操作的[圖形]圖示(如圖 12-5-6)。

圖 12-5-6

2. 主功能表顯示[點之編輯]功能表(如圖 12-5-7)。

圖 12-5-7

3. 選取[改變點位參數]選取要改變提刀高度的鑽點,請選取如圖 12-5-8 所示的 P1 鑽點。

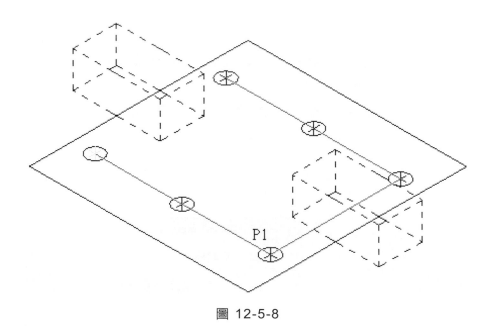

圖 12-5-8

4. 提示區要求輸入跳躍高度：請輸入 30(如圖 12-5-9)，按下[Enter]鍵。

圖 12-5-9

5. 提示區仍要求選取要改變提刀高度的鑽點。請選取[回上層功能]鈕或按 [ESC]鍵。

6. 選取[執行]。

7. 螢幕上出現操作管理員功能表(如圖 12-5-10)。

圖 12-5-10

8. 選取[重新計算]鈕，刀具路徑變更如圖 12-5-11。

圖 12-5-11

步驟 4 改變部分鑽孔深度

1. 再於操作管理員對話窗中選取鑽孔操作的[圖形]圖示，進入[點之編輯]
   功能表(如圖 12-5-12)

圖 12-5-12

2. 選取[編輯深度]，提示區要求選取要變更深度的鑽點，請選取如圖 12-5-13 所示 P1 的鑽點。

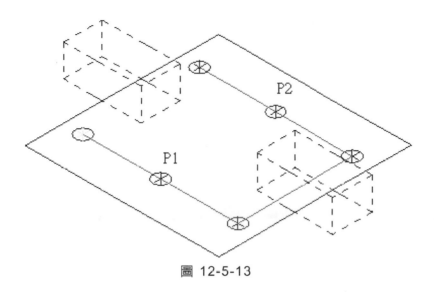

圖 12-5-13

3. 輸入新的鑽孔深度，請輸入-20(如圖 12-5-14)，按下[Enter]鍵。

圖 12-5-14

4. 選取[回上層功能]鈕或按[Esc]鍵，完成深度的編輯。選取[執行]選項，結束[點之編輯]功能表。螢幕回到操作管理員對話窗。

5. 選取[重新計算]鈕，將鑽孔刀具路徑重新計算。新的鑽孔路徑顯示如圖 12-5-15。

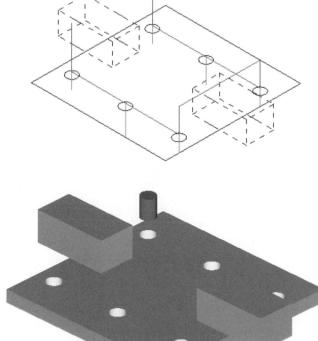

圖 12-5-15

13
CH

全圓路徑

學習目標

1. 全圓銑削的設定和使用場合

2. 了解螺旋銑削的參數

3. 了解銑鍵槽外形限制和設定

13-1　全圓路徑簡介

在主功能表上選擇[刀具路徑]→[全圓路徑]→即可進入[全圓路徑]功能表(如下圖)。

功能表裡頭有[**全圓銑削**]、[**螺旋銑削**]、[**自動鑽孔**]、[**鑽起始孔**]、[**鍵槽銑削**]和[**螺旋鑽孔**]等功能,這些功能將在本章一一介紹。

全圓路徑以全圓為加工對象以產生刀具路徑。而這全圓外形可以選取全圓的圓心點(系統會直接抓取記錄全圓的直徑)或是選取任意點或圖素的端點、中點等圖素的特徵點作為全圓的圓心位置,再以輸入全圓直徑的方式作為全圓路徑的加工外形。

13-2　全圓銑削

全圓銑削"功能主要產生如沉頭孔或圓孔底面是平面的圓孔銑削路徑,使用者當然可以用外形銑削和挖槽來對圓孔作銑削加工,但是全圓銑削這功能它更方便而且產生的刀具路徑更符合現場實務上圓孔加工的需求。

在[全圓路徑]功能表選取[全圓銑削]後,主功能表出現[點之管理]功能表。

[點之管理]功能表已在第 12 章介紹,這裡不再贅述。以[點之管理]功能表為全圓銑削選取加工的圓心位置後,選取[執行]選項進入加工參數的設定視窗。

全圓銑削參數的說明

安全高度/參考高度/進給下刀位置/工件表面/深度/補正型式/校刀長位置
請參閱第十章"外形切削"的"外形切削參數"有詳細的說明。

1. **補償方向**：選取"左補正"時會以反時鐘方向加工內圓(順銑)；選取"右補正"時以順時鐘方向加工內圓(逆銑)。

2. **圓的直徑**：如果在"點之管理"功能表以選取任意點或圖素的端點、中點等圖素的特徵點作為全圓的圓心位置時，這欄位開啟供使用者輸入全圓的直徑。如果選取的是全圓或圓弧的圓心點，這欄位會關閉，系統直接抓取全圓的直徑。

3. **起始角度**：設定全圓銑削刀具路徑的切削起點的角度。

切削起點在 0度方向　　　90度　　　180度

4. **進/退刀弧之掃掠角度**：使用者可以為全圓銑削設定進/退刀弧的角度。如果進/退刀弧角度小於 180 度，系統會增加一進/退刀線。

進/退刀弧角度: 180度　　　90度　　　　45度

增加進/退刀線　　增加進/退刀線

5. **由圓心開始**：這選項有被選取時，刀具會從圓心點位置下刀，再移動刀具到引進圓弧的起點。如果沒有被選取，刀具會直接在引進圓弧的起點下刀。

6. **垂直進刀**：在進刀圓弧之前和退刀圓弧之後，增加一與進/退刀圓弧相垂直的直線。

7. **重疊量**：設定刀具在退刀之前要通過切削起點多少距離。

8. **壁邊預留量**：設定 XY 方向的預留量。

9. **底部預留量**：設定深度 Z 軸方向的預留量。

10. **Z 軸分層銑深**：請參閱第 10 章外型銑削的"Z 軸分層銑深"。

11. **粗銑**：全圓銑削的"粗銑"為全圓加工提供一高速挖槽機能，它以類似挖槽的螺旋切削的路徑來對全圓作粗銑加工，這螺旋切削路徑，是由相切的圓弧組成，也因此提供了一平順、清除材料效率良好的 NC 程式。

(1) **步進量**：設定粗銑切削路徑之間的距離。左邊為以刀具直徑百分比的輸入欄位，右邊欄位則為間距的數值。

(2) **螺旋式下刀**：如果"螺旋式下刀"有打勾，Mastercam 會以螺旋式下刀到每層的銑削深度後才執行粗銑切削路徑。請參閱第 11 章挖槽的"下刀方式"。

註：

- 螺旋式下刀與全圓粗銑切削路徑這二者的加工方向由刀具的補正位置決定。
- 如果使用了[粗銑]選項，就不需要使用[平面多次銑削]之"粗銑"設定。
- 為了讓刀具在高速加工狀態下維持平順的切削路徑，建議將進/退刀弧的掃掠角度設為 180 度，使粗銑和精修切削路徑之間保持相切。

12. **平面多次銑削**：請參閱第 10 章外型銑削的"平面多次銑削"，有詳細的說明。

13-3　螺旋銑削

[螺旋銑削]功能主要用於在銑床以單牙或多牙刀螺旋切削方式加工孔內螺紋或外螺紋。刀具路徑由進/退刀弧和螺旋狀路徑所組成。在內螺紋加工前，必須在在工件上有圓孔才能以牙刀作螺紋加工。在外螺紋則必須先產生圓柱，才能作外螺紋加工。

從主功能表上選取[**刀具路徑**]→[**全圓路徑**]→[**螺旋銑削**]，主功能表出現[**點之管理**]功能表，以[**點之管理**]功能表為螺旋銑削選取加工的圓心位置後，選取[**執行**]選項進入加工參數的設定視窗。

螺旋銑削參數的說明

齒數(使用非牙刀設為 0)：設定用於切削螺紋的起始加工齒數。即使是以多齒數牙刀也可以設定為 1。一較大的齒數降低加工螺紋所需要的迴轉數。設定齒數為 1 時，表示以單齒牙刀銑削螺紋，牙刀會從螺旋頂部位置開始銑削螺紋；設為 2 時，表示以二個牙刃銑削螺紋，牙刀從螺旋頂部位置下降一個牙間距才開始銑削螺旋，以此類推（如圖 13-3-1）。

圖 13-3-1

1. **安全高度**：設定切削每個螺紋之前或之後刀具快速位移的高度。這是一絕對值（如圖 13-3-2）。

   只有在最前及最後的操作才使用安全高度：這參數有打勾時，刀具只有在這操作中的第 1 孔和最後 1 孔以安全高度移動

圖 13-3-2

2. **進給下刀位置**：設定刀具開始以[下刀速率]下刀的高度。
3. **螺旋頂部位置**：設定螺紋的起始高度。

4. **螺旋深度位置**：設定螺紋的加工深度位置。

5. **絕對座標**：選取這參數時，設定[進給下刀位置]、[螺旋頂部位置]和[螺旋深度值]以絕對座標表示。

6. **增量座標**：選取這參數時，設定[進給下刀位置]、[螺旋頂部位置]和[螺旋深度值]都以相對於被選取的圖素來計算。

7. **螺旋間距**：設定螺紋間距（如圖 13-3-3）。

8. **螺旋的起始角度**：設定引進弧之後要開始螺旋切削的角度位置。

切削起點在 0 度方向　　　90 度　　　180 度

9. **允許值(過切)**：在內螺紋加工時這值會增大螺紋直徑；外螺紋時，這值會減小螺紋直徑。

10. **錐度角**：指定螺旋的錐度角，用於產生管用螺紋。

11. **補正方式**：有[電腦]、[控制器]、[兩者]、[兩者反向]和[關]計五種方式。請參閱第 10 章外形銑削有詳細說明。

12. 產生內螺紋加工路徑。

13. 產生外螺紋加工路徑。

14. **較大的螺紋直徑**：如果要加工的是內螺紋，請在這欄位輸入螺紋的最大直徑(長徑)。若是加工外螺紋請輸入最小直徑(短徑)。

15. **右螺紋**：產生右螺紋刀具路徑

16. **左螺紋**：產生左螺紋刀具路徑。

    註：選取左/右螺紋時，會更新在對話窗底部的順/逆銑設定。

17. **加工方向**：

    (1) **由上而下**：螺紋由上而下加工。

    (2) **由下而上**：螺紋由下而上加工。

註：[齒數]、[螺旋頂部位置]、[螺旋底部深度]和[螺旋間距]都會間接決定螺旋圈數。如果螺旋的圈數低於 1 圈，系統會調整"螺旋頂部位置"以產生至少一圈的螺旋。

圖 13-3-3

18. **進/退刀切弧的半徑**：其實這參數是設定刀具在進刀弧的起點位置時(如圖 13-3-4)，刀具和螺旋之間的距離(如圖 13-3-5)。所以這參數間接地設定進/退刀弧之半徑。如果這值大於內螺紋的最大值，進/退刀弧的起始點和結束點都會在螺旋的中心(圖 13-3-6。

圖 13-3-4

圖 13-3-5

圖 13-3-6

19. **進/退刀切線的長度**：這參數僅適用於外螺紋加工，以在進刀弧之前和退刀弧之後產生一指定長度的直線。如果使用"控制器補正"時，刀具的補正 G 碼(G41 或 G42)會出現在進刀引線的單節上，取消補正碼(G40)則出現在退刀引線上。

在內螺紋方面，系統會自動在螺旋中心點和進/退刀圓弧之間產生一條進刀引線和退刀引線，而這進/退刀引線的長度則由[進/退刀切弧之間隙]間接決定。

20. **由圓心開始**：由被選取圓弧的圓心作為螺旋銑削的下刀點。僅適用於內螺紋加工。

21. **垂直進刀**：在進刀弧之前和退刀弧之後，增加一與進/退刀弧相垂直的直線。

22. **在頂部以螺旋進/退刀**：在螺旋的頂部產生進/退刀的螺旋圓弧。如果這選項沒被選取，系統在螺旋起始點處以一平的圓弧作為進/退刀弧。使用螺旋式的進/退刀弧可以避免在螺旋頂部產生刀痕。

23. **在底部以螺旋進/退刀**：在螺旋底部產生進/退刀的螺旋圓弧。如果這選項沒被選取，系統在螺旋底部以一平的圓弧作為進/退刀弧。使用螺旋式的進/退刀弧可以避免在螺旋底部產生刀痕。

24. **將 3D 螺旋打成若干線段**：如果機台的控制器不能執行螺旋的指令時，就必須以連續的直線(G01)取代螺旋。

25. **公差**：將螺旋曲線轉換為直線的誤差。較小的誤差值產生較精準的刀具路徑，但系統上會花較長時間來計算路徑和產生較大的 NC 程式檔。這欄位只有在選取"將 3D 螺打成若干線段"時這欄位才可使用。

13-4 鑽起始孔

　　[鑽起始孔]功能可以在所有型式的銑削刀具路徑(如 2D 的挖槽、外形銑削或 3D 的曲面挖槽等等)的下刀點位置自動產生鑽孔刀具路徑。但是它對曲面挖槽粗加工的[**下刀位置針對起始孔排序**]參數有打勾的情形下(如圖 13-4-1)，顯得特別有用。因為這參數會將曲面挖槽各分層銑削的下刀點儘量排在同一個地方，以供鑽起始孔功能只要產生一個或少數幾個鑽孔就可以供多層銑削下刀。

圖 13-4-1

　　在主功能表上選取[刀具路徑]→[全圓路徑]→[鑽起始孔]，進入[鑽起始孔]對話視窗(如圖 13-4-2)。

圖 13-4-2

對話窗內的參數說明如下：

1. **鑽起始孔的操作選擇區**：供選取要產生鑽起始孔的操作(可複選)。

2. **附加的刀具直徑**：增加鑽起始孔的鑽頭直徑，以加大銑刀的下刀空間。例如：如果這欄位輸入 0，挖槽用的銑刀直徑是 12mm，鑽起始孔功能會產生以直徑 12mm 鑽頭來鑽起始孔的操作；如果這欄位輸入 3，則以直徑 15mm 鑽頭來鑽起始孔。

3. **附加的切削深度**：增加鑽始孔的鑽孔深度，以提供銑刀較大的下刀空間。這欄位輸入正值時鑽孔深度會較淺；輸入負值時則鑽孔深度較深。

4. **基本或進階**：這裡面有二個選項：[基本]和[進階]。

    (1) [**基本**]：選取這選項時，系統只產生鑽起始孔的操作，而不會產生鑽中心孔或導引孔操作。

    (2) [**進階**]：選取這選項時，當選取[確定]鈕，會進入[自動鑽孔]設定視窗，以供使用者設定刀具型式、深度、群組名稱、刀具庫、鑽中心孔和導引孔等。

5. **刀具庫**：顯示目前的刀具庫名稱，選取刀具庫鈕可選取不同的刀具庫。系統到這裡所設定的刀具庫中尋找刀具。

6. **刀具直徑配合公差**：設定系統從刀具庫選取刀具時的公差。

7. **註解**：輸入鑽起始孔的註解說明，這內容可以輸出到 NC 程式。

系統會將產生的鑽起始孔操作，置於用於計算起始孔的操作之前(如圖13-4-3)。

圖 13-4-3

重要：如果改變了原來用來計算起始孔操作，鑽起始孔產生的鑽孔操作不會
自動更新，必須再以產生鑽起始孔方式，產生新的鑽起始孔，系統會
詢問是否要將舊的鑽起始孔操作刪除。

13-5　銑鍵槽

[銑鍵槽]功能被設計用來加工鍵槽，所以選取的加工外形必須是以二條
平行線和二個圓弧組成(如圖 13-5-1)。否則系統顯示警告訊息如圖 13-5-2。

圖 13-5-1

圖 13-5-2

選取鍵槽外形時不需要考慮串連方向和起始位置，系統自動在鍵槽外形
內產生順銑的刀具路徑。選取鍵槽外形後，系統顯示[銑鍵槽之參數設定]對
話窗(如圖 13-5-3)。

圖 13-5-3

鍵槽加工參數

除了以下說明的參數以外，其餘參數請參閱第 10 章外形銑削。

1. [**補償方向**]：設定為[左]時，以順銑方向銑削鍵槽；設為[右]時，則為逆銑。

2. [**進入/離開圓弧的角度**]：設定修邊路徑進/退刀弧的掃掠角度。

圖 13-5-4

3. [**垂直進刀**]：在進刀圓弧之前和退刀圓弧之後，增加一與進/退刀圓弧相垂直的直線(如圖 13-5-5)。補正型式設定為[控制器補正]、[兩者]或[二者反向]時，這選項要開啟，以供刀具在直線上作補正。

圖 13-5-5

4. [**重疊量**]：設定刀具在退刀之前要通過切削起點多少距離。

粗銑/精修參數

[粗銑/精修參數]對話窗分爲三個區域：[斜向進刀]、[粗銑]和[精修]。說明如下：

1. [**斜向進刀**]：這參數有打勾時，會產生螺旋式下刀路徑以取代直線下刀路徑(如圖 13-5-6)。

斜向進刀路徑

圖 13-5-6

(1) **步進量**：設定斜向進刀的間距。

(2) **進刀角度**：設定斜向進刀的漸降角度。

(3) **螺旋以圓弧型式輸出**：以 G02/G03 輸出螺旋指令。

(4) **公差**：設定螺旋路徑以直線輸出時的公差。

2. [**粗切**]：設定銑鍵槽粗銑的有關參數。

(1) **次數**：設定下刀後，XY 方向的粗銑次數。

(2) **間距**：設定粗銑每一刀之間的距離。

3. [**精修**]：設定銑鍵槽精修的有關參數

(1) **次數**：設定 XY 方向的精修次數。

(2) **間距**：設定每一次精修之間的距離。

註：用於銑鍵槽的刀具直徑，建議是鍵槽圓弧直徑的 65%到 75%之間，

13-6 螺旋鑽孔

[螺旋鑽孔]刀具路徑被設計用一種稱為 Felix(菲力克斯)的高速搪銑刀來加工圓形的盲孔,由於這種高速搪銑刀和加工方式,不需事先鑽孔,而且粗、精搪一次完成。對生產效率的提升有莫大的幫助。筆者以圖 13-6-1 的連續圖來說明這種刀具路徑。

鋼料: P20

① 刀具到搪孔中心

② 移到螺旋下刀位置

③ 以反時針方向(順銑)螺旋漸降作粗搪加工 (S4800, F4800)

④ 在孔底繞一圈,以得到平坦的底部.

⑤ 刀具回到圓孔中心,主軸轉速提高為2倍

⑥ 刀具移到精修位置,進入精修位置之前進給率降為1000　過切

⑦ 刀具以精修路徑在孔底繞一圈.

⑧ 以粗搪的進給率,刀具由下往上,以螺旋式漸升精搪. (S9600 F4800)

⑨ 螺旋鑽孔完成

圖 13-6-1

在[全圓路徑]功能表選取[螺旋鑽孔]後，主功能表出現[點之管理]功能表。

以[點之管理]功能表為螺旋鑽孔選取加工的全圓或圓心位置後，選取[執行]選項進入螺旋鑽孔之加工參數的設定視窗。

螺旋鑽孔參數

由於[螺旋鑽孔參數]的內容和[全圓銑削參數]相同，請參閱本章的 13-2 節說明。

粗切/精修參數

1. **Z軸粗加工間距**：設定粗搪的螺旋間距。約 0.5 到 2mm 之間，視主軸馬力數和刀具直徑而定。

2. **粗加工前進次數**：設定粗搪次數。如果孔徑過大或刀具太小，可以作多次粗搪。

3. **粗加工步進量**：設定多次粗搪時，這欄位設定粗搪之間的 XY 方向切削量。

4. **最後深度的進給率**：由於粗搪後刀具要在孔底以精修直徑繞一圈，屬過切加工，必須降低進給率(如圖 13-7-1 的第 6 和第 7 張圖所示)。左側的欄位是設定進給率的百分比；右側欄位則是減速後的進給率值。

5. **精加工**：這參數有打勾時，則會產生由孔底向上螺旋精搪的刀具路徑。

6. **Z軸精加工間距**：設定精搪的螺旋間距。建議和粗搪一樣的間距值，除非精搪主軸無法增加到二倍轉速。

7. **精加工前進次數**：設定粗搪後，要留給精搪的切削量。

8. **進給率**：設定精搪的進給率。

9. **主軸轉速**：設定精搪時的主軸轉速，建議是粗搪二倍轉速。

🧩 13-7 範例

沉頭孔深12,(10處)

厚度: 25mm

圖 13-7-1

🧩 操 作 步 驟

步驟 1 ┃ **讀取圖檔**（光碟中的\範例圖檔\第 13 章\範例）。

步驟 2 ┃ 所有孔作中心鑽引孔

1

16 點編輯過
點的排序: 關
過濾重覆點: 開

步驟3 鑽孔直徑 9.5mm

10 點編輯過
點的順序:X雙向+ Y+
過濾重覆點: 開

步驟 4 鑽孔直徑 12mm 及 12.7mm

#		刀具名稱	直徑	Cor. rad.	長度	# F
	1		6.25	0.0	25.0	2
	2		9.5	0.0	10.0	2
	3		12.0	0.0	10.0	2
	4		12.7	0.0	10.0	2

刀具直徑: 12.7

刀鼻半徑: 0.0

刀具名稱:

刀具號碼: 4　　　刀長補正 4

刀塔編號: -1　　　刀徑補正 5

步驟 5 銑削沉頭孔 15*12 深

#		刀具名稱	直徑	Cor. rad.	長度	# F
	1		6.25	0.0	25.0	2
	2		9.5	0.0	10.0	2
	3		12.0	0.0	10.0	2
	4		12.7	0.0	10.0	2
	5		10.0	0.0	10.0	4

刀具直徑: 10.0

刀鼻半徑: 0.0

刀具名稱:

刀具號碼: 5　　　　刀長補正 5

刀塔編號: -1　　　　刀徑補正 6

☑ 參考高度　25.0
　⊙絕對座標　○增量座標

進給下刀位置　5.0
⊙絕對座標　○增量座標

工件表面　0.0
⊙絕對座標　○增量座標

深度　-12.0
⊙絕對座標　○增量座標

Circle diameter　25.0

起始角度　90.0

Entry/exit arc sweep　90.0

☑ 由圓心開始
☐ 垂直進刀

重疊量　0.0

步驟 6 銑鍵槽

#	刀具名稱	直徑	Cor. rad.	長度	# F
1		6.25	0.0	25.0	2
2		9.5	0.0	10.0	2
3		12.0	0.0	10.0	2
4		12.7	0.0	10.0	2
5		10.0	0.0	10.0	4
6		14.0	0.0	25.0	4

刀具直徑: 14.0

刀鼻半徑: 0.0

刀具名稱:

刀具號碼: 6　　　刀長補正 6

刀塔編號: -1　　　刀徑補正 7

☑ 斜向進刀

步進量　　50.0　％　7.0

進刀角度　　　　　1.5

☑ 螺旋以圓弧型式輸出

公差　　　　　　0.025

步驟 7 銑削直徑 50 及 76

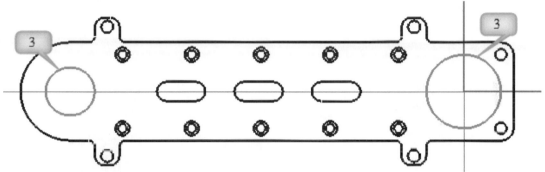

#		刀具名稱	直徑	Cor. rad.	長度	#「
	1		6.25	0.0	25.0	2
	2		9.5	0.0	10.0	2
	3		12.0	0.0	10.0	2
	4		12.7	0.0	10.0	2
	5		10.0	0.0	10.0	4
	6		14.0	0.0	25.0	4
	7		20.0	0.0	35.0	4

刀具直徑: 20.0
刀鼻半徑: 0.0

刀具名稱:

刀具號碼: 7　　刀長補正 7
刀塔編號: -1　　刀徑補正 8

Circle diameter	25.0
起始角度	90.0
Entry/exit arc sweep	90.0
☑ 由圓心開始	
☐ 垂直進刀	
重疊量	0.0

步驟 8 2D 倒角

步驟 9 | 螺紋銑削 M52*2

#	刀具名稱	直徑	Cor. rad.	長度	#F
1		6.25	0.0	25.0	2
2		9.5	0.0	10.0	2
3		12.0	0.0	10.0	2
4		12.7	0.0	10.0	2
5		10.0	0.0	10.0	4
6		14.0	0.0	25.0	4
7		20.0	0.0	35.0	4
8		12....	0.0	25.0	4
9		30.0	0.0	6.25	4

刀具直徑: 30.0

刀鼻半徑: 0.0

刀具名稱:

刀具號碼: 9   刀長補正 9

刀塔編號: -1   刀徑補正 10

齒數(使用非牙刀時設為0)   1

螺旋間距   2.0

螺旋之起始角度   0.0

允許值(過切)   2.598

錐度角   0.0

補正方式: 電腦

⊙ 內螺紋
○ 外螺紋
較大的螺旋直徑   25.0

⊙ 右螺紋
○ 左螺紋

加工方向
⊙ 由上而下
○ 由下而上
逆銑

進/退刀切弧的半徑   5.0

進/退刀切線的長度   0.0

☑ 由圓心開始

☐ 垂直進刀

☑ 在頂部以螺旋進/退刀

☑ 在底部以螺旋進/退刀

☐ 將3D螺旋打成若干線段

公差   0.025

安全高度　　　　　　50.0

☐ 只有在開始及結束的操作
　　才使用安全高度

進給下刀位置　　　　5.0

螺旋頂部位置　　　　0.0

螺旋深度位置　　　　-27.0

○ 絕對座標　　　　◉ 增量座標

14
CH

路徑轉換

學習目標

1. 平移刀具路徑

2. 旋轉刀具路徑

3. 鏡射刀具路徑

14-1 路徑轉換簡介

[路徑轉換]可以將刀具路徑平移、旋轉或鏡射。在使用轉換功能前必須先產生一個或多個刀具路徑操作再經由[路徑轉換]功能將刀具路徑平移、旋轉或鏡射。路徑轉換常用於一個工件中有數個相同的圖素或是一次同時在機台上加工多個相同形狀的工件，可以節省構圖和安排刀具路徑的時間。路徑轉換是有關聯性的，若將轉換功能用於任一操作而操作的參數、刀具或圖形改變了，則與該操作有關的轉換操作也會改變。

14-2 轉換操作之參數設定

在主功能表選取[刀具路徑]→[刀具路徑轉換]，進入路徑轉換參數對話視窗，(如圖 14-2-1)

圖 14-2-1

1. **型式**

   (1) **轉換**：這選項可複製刀具路徑到一新的位置並且可進入[**轉換**]標籤設定平移參數。

   　　僅偏移刀具原點(G55,G56…)：這選項只有在[方法]選取[刀具面]時才可使用。一操作路徑經平移後，系統對座標的輸出方式提供二種選擇，這選項沒有選取時，系統直接以**轉換**後路徑的絕對座標輸出，使用同一個座標原點。這選項有選取時，系統會將各個**轉換**後的路徑各冠上 G54、G55、G56…等 G 碼，如此，每個平移後的路徑會有一樣的座標值，只是工作座標不同。

   (2) **旋轉**：可以構圖面原點或一指定點為旋轉中心來旋轉刀具路徑，並且可進入[旋轉]標籤來設定旋轉參數。

   (3) **鏡像**：以 X 軸、Y 軸或一指定圖素來鏡射操作，並且可進入[**鏡像**]標籤來設定**鏡像**參數。

2. **方法**

   (1) **刀具面**：以旋轉或平移刀具路徑的軸向方式產生轉換的路徑。

   (2) **座標**：輸出位移後的絕對座標。轉換型式為**"鏡像"**時，這功能不能使用。旋轉刀具路徑時，大都選用這[座標]方法。

3. **NCI 的輸出順序**

   (1) **依照操作順序**：依照被轉換的路徑在原始操作列示區排列的順序依序輸出。假如選取了一挖槽和一外形銑削操作來執行路徑轉換，這選項會將轉換後的路徑，依(挖槽、外形銑削)，(挖槽、外形銑削)的方式產生轉換操作。

   (2) **依照操作型式**：假如選取了一挖槽和一外形銑削操作來執行路徑轉換，這選項會將轉換後的所有挖槽路徑先執行，再執行轉換後的所有外形銑削路徑。

4. **原始操作**：在原始操作列示區會列出目前 MC9 圖檔的所有的操作。請在這裡選取要轉換的操作，被選取的操作在黃色資料夾圖示上會標示一ˇ符號。轉換操作只會針對這裡被打勾的操作作路徑轉換。

5. **產生新的操作及圖形**：這參數會從原來的操作複製圖形及參數到轉換後的新位置，這方法會產生數個有一樣圖形和參數的獨立操作路徑以取代單一的路徑轉換操作。

   保留此轉換的操作：這參數只有在[**產生新的操作及圖形**]有打勾時才會開啓。由於路徑轉換產生新的操作及圖形後，目前這個轉換操作可由使用者決定是否要保留。這參數有打勾時，這路徑轉換操作會被保留，但後處理會被關閉。如沒打勾，這轉換操作會被刪除。

6. **複製原始操作**：有打勾時，產生的轉換操作內包含原始被轉換的操作(刀具路徑)。

   關閉選取的原始操作的後處理：這參數只有在[**複製原始操作**]有打勾時才會開啓。由於路徑轉換操作已含原始的刀具路徑。所以這參數可供將原始操作的後處理關閉，避免產生重複的刀具路徑。

7. **使用副程式**：以副程式的方式輸出轉換後的刀具路徑。

8. **加工座標系的編號**：

   1. [**關**]：由系統自動賦予 G54、G55...等座標給每一個產生的路徑。

   2. [**維持原始操作的設定**]：這選項有被選取時，轉換後的刀具路徑會輸出與原始操作一樣的工作座標。例如，原始操作的工作補正號碼為－1 時，代表輸出 G54，那轉換後的刀具路徑也會以 G54 為工作座標；原始操作為 1 時(G55)，轉換後的刀具路徑則輸出 G55。這選項如沒被選取，但"僅偏移刀具面原點"有選取時，則由系統自動編排轉換後的加工座標系統。

   3. [**重新指定**]：為每一個轉換產生的刀具路徑產生新的工作座標，以[起始]欄位的設定值開始(0 代表 G54，1：G55…，以此類推)，以[增量]為增量，產生工作座標。

   註：如果[起始]欄位輸入 **6(含)以上**，則會以 **G54.1P1、G54.1P2、**…方式輸出工作座標。

14-3　轉換參數

選取[轉換]型式後，系統即可供使用者選取對話窗上方的[轉換]標籤以進入"轉換參數"對話窗(如圖 14-3-1)。

圖 14-3-1

1. **立方體**：以直角座標系統定義平移刀具路徑的距離。選取[立方體]時，系統會開啓下方的間距及數量設定欄位，供使用者輸入(如圖 14-3-2)。

X方向的間距	1.0
Y方向的間距	1.0
X方向的數量	2
Y方向的數量	2

圖 14-3-2

2. **兩點間**：以輸入的起始座標移動被選取的操作到終點座標。選取這選項後，請在如圖 14-3-3 中左邊欄位輸入起始座標(也可以選取[從…點]鈕在繪圖區選取座標點)，右邊欄位則輸入終點座標(可選取[到…點]鈕在繪圖區選取座標點)。系統會以這二點座標來計算平移的向量。

3. **極座標**：以一角度和距離的方式平移刀具路徑。選取[極座標]後，系統開啟極座標設定欄位(如圖 14-3-4)：

圖 14-3-3

圖 14-3-4

4. **兩視角間**：在兩視角間移動被選取的刀具路徑。這功能適用於五面加工機。例如，原始操作的構圖面和刀具面設定於俯視圖時，在轉換路徑設定時，選取[視角號碼]鈕，在主功能表上選取一視角(側視圖、前視圖等等)，再於兩點間設定平移的起點和終點，系統即會將刀具路徑由俯視圖平移到其它視角。

5. **視角號碼**：這是視角設定鈕，設定平移向量的構圖面。選取這設定鈕後，請在視角管理員中選取一個構圖面，在設定鈕上會顯示構圖面的對應號碼。

14-4　旋轉參數

選取[旋轉]型式後，系統即可供使用者選取對話窗上方的[旋轉]標籤以進入"旋轉參數"對話窗(如圖 14-4-1)。

圖 14-4-1

1. **原點**：使用構圖面原點作爲刀具路徑旋轉中心。選取這選項系統會關閉 X、Y、Z 三軸的座標輸入欄位。

2. **存在點**：以使用者設定的位置爲旋刀具路徑旋轉中心。請爲這旋轉中心輸入 XYZ 三軸的值或是點取"選取"鈕以"抓點方式"功能表在繪圖區選取一點。

3. **次數**：輸入刀具路徑繞著構圖面 Z 軸旋轉的次數。

4. **起始角度**：設定刀具路徑起始的角度。

5. **旋轉角度**：設定刀具路徑的旋轉角度。

6. **對視角旋轉**：供設定刀具路徑旋轉的構圖面。請選取[視角號碼]鈕選取旋轉的構圖面。

14-5　鏡像參數

　　選取[鏡像]型式後，系統即可供使用者選取對話窗上方的[鏡像]標籤以進入"鏡像參數"對話窗(如圖 14-5-1)。

圖 14-5-1

1.　**鏡射的方法**

　　(1)　**X-軸**：以目前構圖面的 X 軸對被選取的操作作鏡射。

　　(2)　**Y-軸**：以目前構圖面的 Y 軸對被選取的操作作鏡射。

　　(3)　**圖素**：允許從繪圖區選取一直線、圓弧或曲線作為鏡射軸。要選取圖素時，請點取[選取]鈕以進入繪圖區。被選取的圖素必須有二個不同座標的端點，系統自動抓取圖素的二端點座標到[鏡射之基準點]欄位中，再以這二基準點所形成的一直線作為鏡射軸。

　　(4)　**鏡射視角**：設定鏡射的構圖面。

2. **鏡射的基準點**：為鏡射軸的二端點輸入 XYZ 三軸座標值，或是使用"選取"鈕在繪圖區選取二基準點。

3. **更改刀具路徑方向**：這選項可更改刀具路徑方向，以便讓整個刀具路徑維持在順銑或逆銑模式。

 14-6 範例一

 操 作 步 驟

步驟 1 **讀取圖檔**

1. 請讀取光碟中的\範例圖檔\第 14 章\旋轉路徑圖檔，如圖 14-6-1。

圖 14-6-1

2. 圖檔中已產生了二個操作(挖槽和外形銑削)。

步驟 2 **進入[路徑轉換]操作**

1. 選取[回主功能表]→[刀具路徑]→[下一頁]→[路徑轉換]。

2. 按住鍵盤上的[Shift]鍵，在原始操作列示區選取挖槽和外形銑削操作，將二個操作都打勾。並將參數設定如圖 14-6-2。

圖 14-6-2

步驟 3 設定[旋轉]標籤內參數

1. 選取[旋轉]標籤,將參數設定如圖 14-6-3。

圖 14-6-3

2.　選取[確定]鈕。

3.　產生刀具路徑如圖 14-6-4。

圖 14-6-4

4.　選取[回上層功能]→[操作管理]。操作管理員顯示如圖 14-6-5。

圖 14-6-5

步驟 1　讀取圖檔

1.　請讀取光碟中的\範例圖檔\第 14 章\平移路徑圖檔,如圖 14-7-1。

2.　圖檔中已產生了一個操作(外形銑削)。

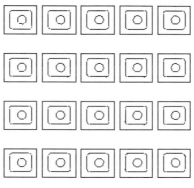

圖 14-7-1

步驟 2　進入[刀具路徑轉換]操作

1.　選取[回主功能表]→[刀具路徑]→[路徑轉換]。將[型式及方法]參數設定
　　如圖 14-7-2。

圖 14-7-2

2. 選取[平移]標籤，內容設定如圖 14-7-3。

圖 14-7-3

3. 選取[確定]鈕。刀具路徑產生如圖 14-7-4。

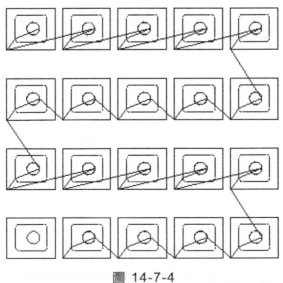

圖 14-7-4

4. 按下[Alt+O]鍵，顯示操作管理員如圖 14-7-5。

圖 14-7-5

國家圖書館出版品預行編目資料

Mastercam 2D 繪圖及加工使用手冊 / 楊振治, 鍾華玉,
林似諭編著. -- 二版. -- 新北市 :
全華圖書, 2016.09
　面；　公分
　ISBN 978-986-463-168-1 (平裝附影音光碟)

1.機械工程　2.電腦程式　3.電腦輔助設計

446.89029   105003168

Mastercam 2D 繪圖及加工使用手冊

作者 / 楊振治、鍾華玉、林似諭

發行人 / 陳本源

執行編輯 / 楊智博

出版者 / 全華圖書股份有限公司

郵政帳號 / 0100836-1 號

印刷者 / 宏懋打字印刷股份有限公司

圖書編號 / 06269017

二版四刷 / 2020 年 4 月

定價 / 新台幣 450 元

ISBN / 978-986-463-168-1 (平裝附影音光碟)

全華圖書 / www.chwa.com.tw

全華網路書店 Open Tech / www.opentech.com.tw

若您對書籍內容、排版印刷有任何問題，歡迎來信指導 book@chwa.com.tw

臺北總公司(北區營業處)
地址：23671 新北市土城區忠義路 21 號
電話：(02) 2262-5666
傳真：(02) 6637-3695、6637-3696

中區營業處
地址：40256 臺中市南區樹義一巷 26 號
電話：(04) 2261-8485
傳真：(04) 3600-9806

南區營業處
地址：80769 高雄市三民區應安街 12 號
電話：(07) 381-1377
傳真：(07) 862-5562

歡迎加入 全華會員

● 會員獨享

● 會員享購書折扣、紅利積點、生日禮金、不定期優惠活動…等。

● 如何加入會員

填妥讀者回函卡直接傳真 (02) 2262-0900 或寄回，將由專人協助登入會員資料，待收到 E-MAIL 通知後即可成為會員。

如何購書 全華書籍

1. 網路購書

全華網路書店「http://www.opentech.com.tw」，加入會員購書更便利，並享有紅利積點回饋等各式優惠。

2. 全華門市、全省書局

歡迎至全華門市（新北市土城區忠義路 21 號）或全省各大書局、連鎖書店選購。

3. 來電訂購

(1) 訂購專線：(02) 2262-5666 轉 321-324
(2) 傳真專線：(02) 6637-3696
(3) 郵局劃撥（帳號：0100836-1 戶名：全華圖書股份有限公司）

※ 購書未滿一千元者，酌收運費 70 元。

OpenTech 全華網路書店 .com.tw

全華網路書店 www.opentech.com.tw
E-mail: service@chwa.com.tw

※ 本會員制如有變更則以最新修訂制度為準，造成不便請見諒。